新型农民现代农业技术与技能培训丛书

肉鸭饲养员培训教材

编著者
肖发沂　李　义　林建坤
都振玉　李　婧　李　超
张　慧　张彤晨　王敬茹

金盾出版社

内 容 提 要

本教材根据农业职业岗位培训的技术要求编写。教材的内容包括：肉鸭饲养员的岗位职责和素质要求，肉鸭外貌特征、生理特点与生活习性，肉鸭品种及繁殖技术、饲料营养知识，肉种鸭、商品肉鸭饲养管理技术，肉鸭饲养的消毒防疫，肉鸭饲养员劳动定额与技术考核指标等内容。

本教材从强化培养操作技能、掌握一门实用技术的角度出发，较好地体现了本岗位当前最新实用知识和操作技能，理论深入浅出，语言通俗易懂，适用于县(市)、乡(镇)和农业企业相关工种的岗位培训，并可供广大青年农民自学使用。

图书在版编目(CIP)数据

肉鸭饲养员培训教材/肖发沂等编著. —北京：金盾出版社，2008.9

(新型农民现代农业技术与技能培训丛书)

ISBN 978-7-5082-5230-8

Ⅰ.肉… Ⅱ.肖… Ⅲ.肉用鸭—饲养管理—技术培训—教材 Ⅳ.S834

中国版本图书馆CIP数据核字(2008)第129630号

金盾出版社出版、总发行

北京太平路5号(地铁万寿路站往南)

邮政编码：100036 电话：68214039 83219215

传真：68276683 网址：www.jdcbs.cn

封面印刷：北京精美彩色印刷有限公司

正文印刷：京南印刷厂

装订：桃园装订厂

各地新华书店经销

开本：850×1168 1/32 印张：4.5 字数：103千字

2010年3月第1版第2次印刷

印数：10 001～15 000册 定价：8.00元

序　言

中共中央、国务院[2007]1号文件明确指出，加强“三农”工作，积极发展现代农业，扎实推进社会主义新农村建设，是全面落实科学发展观、构建社会主义和谐社会的必然要求，是加快社会主义现代化建设的重大任务。

我国农业人口众多，发展现代农业、建设社会主义新农村，是一项伟大而艰巨的综合工程，不仅需要深化农村综合改革、加快建立投入保障机制、加强农业基础建设、加大科技支撑力度、健全现代农业产业体系和农村市场体系，而且必须注重培养新型农民，造就建设现代农业的人才队伍。

胡锦涛总书记在党的十七大报告中进一步指出，要培育有文化、懂技术、会经营的新型农民，发挥亿万农民建设新农村的主体作用。

新型农民是一支数以亿计的现代农业劳动大军，这支队伍的建立和壮大，只靠学校培养是远远不够的，主要应通过对广大青壮年农民进行现代农业技术与技能的培训来实现。金盾出版社在对农业岗位培训进行广泛调研的基础上，与中国农业大学老科技工作者协会、华中农业大学老教授协会等单位共同策划，约请数百名农业专家、学者参加，组织编写了“新型农民现代农业技术与技能培训丛书”(以下简称“丛书”)。“丛书”坚持从现阶段我国青壮年农民的文化技术水平出发，突出现代农业技术与技能的传授，注重其先进性和实用性；“丛书”以教材形式编写，共有88个分册，涉及81个农业岗位，除水稻农艺工、蔬菜园艺工、蔬菜植保员、果树植保员分南方本和北方本外，其他均为一个岗位一本培训教材，以方便县(市)、乡(镇)、村组织新型农民培训和农业企业进行岗位培训时选用。“丛书”的组编和出版，还得到了河北农业大学、沈阳农业大学、西北农林科技大学、甘肃农业大学、北京农学院、山东畜牧兽医职业技术学院、大连民族学院、中国农业科学院茶叶研究所、中国农业科学院油料研究所、中国农业科学院郑州果树研究所、中国农业科学院特产研究所、中国农业科学院桑蚕研究所、中国养蜂学会、内蒙古自治区农牧科学院、甘肃省蔬菜研究所、山东省果树研究所、广西壮族自治区柑桔研究所、山西省畜牧兽医研究所等单位部分专家、教授的支持和参与，并列入劳动和社会保障部《全国职业培训与技能鉴定用书目录》，进行推荐，使我们深感欣慰，在此表示衷心感谢。我们希望和相信，通过“丛书”的出版发行，能为新型农民队伍的发展壮大贡献一份力量，也能为现代农业技术与技能培训积累一些可供借鉴的经验。

“丛书”编写时间有限，各分册存在不足或错漏在所难免，恳请同仁和各使用单位批评指正。

编 委 会

2008 年 1 月

目　录

第一章　肉鸭饲养员岗位职责和素质要求

一、肉鸭饲养员岗位职责

肉鸭饲养员承担非常重要的饲养管理工作，饲养员的工作到位不到位、责任心强不强都关系到整个肉鸭场的生产成绩。为了进一步加强企业管理，充分调动员工的积极性，挖掘生产潜力，使企业有序高效运转，增强企业竞争能力，各养殖场必须制订明确的岗位基本职责，同时结合各场规模、岗位设置、企业体制，制定相应的考核管理办法。在强调肉鸭饲养员岗位职责落实的前提下，部门领导要大力支持肉鸭饲养员的工作，保证他们的工资待遇，帮助他们解决工作、生活中存在的问题和困难，在管理上采取工资待遇与生产技术指标挂钩的方法，饲养工作就一定能够扎扎实实开展下去。肉鸭饲养员基本岗位职责主要有以下几条。

第一，认真学习基本理论知识和基本饲养技术，虚心接受岗位培训，不断提高基本饲养技能。应做到先培训后上岗，优先录用按国家规定取得饲养工作合格证书的员工。

第二，遵纪守法，遵守养殖场各项规章制度，爱护饲养动物和公用财物，不将公共财物占为己有。爱护饲养动物，不乱打乱踢，减少不必要的损伤。

第三，遵守饲养生产区各项工作标准，按操作规程办事，依照肉鸭饲养规程按时上料、匀料，及时检查饮水情况，做好各项消毒工作，按时作息。

第四，服从领导工作分配，服从技术员技术指导，忠于职守，不怕脏、不怕累，做好本职工作。

第五，搞好舍内外环境卫生，定期打扫，清除废旧物品。

第六，及时维修或报修鸭舍围栏、饮水器、饲料盆等器具。做好鸭舍的维护和维修。

第七，每天工作结束后，认真填写日报表，积累各项生产指标数据。

第八，定期进行疾病疫情检查，每天至少观察鸭群 2 次，发现问题，应立即报告技术员。

第九，确保防盗工作，夜晚应对鸭舍进行巡查。

第十，协助技术、防疫等部门负责人做好其他相关工作。

二、肉鸭饲养员素质要求

随着肉鸭养殖规模的不断扩大，集约化、自动化生产的发展，以及先进饲养设备的应用，使企业对员工素质的要求越来越高。尤其是肉鸭饲养员承担繁重的一线工作，理应提高综合素质，进一步强化责任心，提高工作能力。饲养人员上岗应具备如下条件。

第一，具备正确的世界观、人生观、价值观和道德观，具备有理想、有道德、有文化、守纪律的公民素质，具备扎实工作的心理素质和奉献精神，热爱劳动。

第二，具备必要的文化基础知识。通过培训，具备本岗位所需要的综合职业能力和专业理论知识，如养鸭基本知识、设备的操作、产品的交纳、生产用品的领放和保管等。岗位技能达到国家有关部门规定的相应工种职业资格认证的要求或通过饲养工职业技能鉴定。

第三，具备从事本岗位相关职业活动所需要的方法和能力、社会行为和创新能力；具备获取新知识、不断开发自身潜能和适应技术进步及岗位要求变更的能力；具备较强的组织、协调能力；

具备将自身技能与群体技能融合的能力;具备积极探索、勇于创新的能力。

第四,具备一定的体育、卫生、美学知识和技能,养成良好的卫生与锻炼身体的习惯,具有健康的体魄、良好的体能和适应本职岗位工作的身体素质。

第五,饲养员的年龄应符合国家有关规定,不满 18 岁和大于 60 岁的老人不能上岗。

总之,肉鸭饲养工作有其自身特点,表现为工作环境艰苦,技术要求高,工作量大,责任重,其职业道德内容和要求表现更为明显,需要从业人员严格按职业道德要求,做出艰苦细致的努力才能完成任务,使行业得到不断发展。

以下是山东某企业制定的员工上岗应具备的基本素质及条件要求,供参考。

第一,全体员工必须服从领导、听从指挥、爱岗敬业、尽职尽责。

第二,要以公司大局为重,不得做任何有损公司形象的事情,不得散播任何有损公司信誉或荣誉的言论,增强集体荣誉感,积极参加公司各项集体活动。

第三,全体员工要团结友爱、相互帮助、相互关心、相互支持、豁达大度,严禁打架斗殴。

第四,注意安全,严格按程序操作,不得违规。生产中发现问题应及时处理,并逐级上报。知情不报对责任人严肃处理。

第五,讲究社会公德,以公司为家、爱护公物、厉行节约、遵纪守法。严禁与社会闲杂人员乱拉关系,更不准带进公司内,确保员工及公司财产安全。

第六,加强请示、汇报制度,严格岗位责任制。

第七,保守公司商业秘密,不得探听、传播与自己职责范围无关的事情。

由于各地养殖企业情况不完全一致，在实施岗位职责和基本素质培训等方面可灵活调整。通过本教材的学习，使肉鸭饲养员达到符合国家对新型农民现代农业技术与技能培训的职业资格要求，使他们具备良好的职业道德、敬业精神和健全的体魄。在具备本岗位必备的基础理论知识和专门知识的基础上，重点掌握从事肉鸭生产一线实际工作需要的基本能力和基本技术。

第二章　肉鸭外貌特征、生理特点与生活习性

鸭属于脊椎动物的鸟纲，鸟纲动物最重要的特征是飞翔，在漫长的进化过程中，为适应飞翔，鸟纲动物已形成一系列的自身结构特征，如体形呈流线型，前肢演变成翼，骨内含有气体、气囊等。鸭由于长期的饲养与驯化已丧失了飞翔的能力，但其身体的形态、结构、机能以及活动规律，仍保持着适宜飞翔的特点。

一、肉鸭的外貌特征

鸭的身体呈流线型，体表被覆有羽毛，自前至后可分为头部、颈部、躯干部、四肢和尾部。

（一）头　部

鸭的头部分为颅部与面部两部分，颅部位于头部后方，内含脑；面部位于前方，含眼、鼻、喙等器官。除喙部外，整个头部被覆羽毛。

鸭的上下颌形成喙。喙为高度角化的皮肤套，分为上喙和下喙。鸭喙长而宽，末端钝圆，呈铲状，除上喙尖部外，大部分被覆有较柔软、光滑的角质蜡膜。在喙的边缘形成许多横褶，便于在水中采食时将水滤出。鸭的鼻孔位于上喙的基部，周围有柔软的蜡膜。鸭的眼睛大而圆，虹膜的颜色因品种不同，呈现不同颜色。耳孔位于头部两侧，也被羽毛覆盖。

(二)颈　部

肉用型鸭的颈部较粗而短，蛋用型鸭的颈较细长，颈部可灵活运动，便于觅食。颈部被覆短而细的羽毛，有的品种颈部羽毛呈现不同颜色。

(三)躯干部

躯干部可分为背、胸、腹3部分。肉用型鸭一般体型较大，体躯宽厚，背长而直，肌肉丰满，胸肌、腿肌占胴体比例较大，如北京鸭、樱桃谷鸭等；蛋用型鸭一般体型较小，体躯细长，前躯提起，后躯发达，羽毛紧密；蛋肉兼用型鸭介于两者之间。

(四)四　肢

前肢演变为翼，平时折叠成"Z"形，紧贴在胸廓上。皮肤在翼部形成的皮肤褶叫翼膜，有利于飞翔。位于两翼外侧长而硬的羽毛称为主翼羽，一般为10根。位于翼部近尺骨和桡骨侧的羽毛称为副翼羽，一般为14根。

后肢发达，支持机体后躯的体重，分为骨盆部和游离部。骨盆底部不愈合，形成开放性骨盆，便于产卵。鸭有4个趾，第一趾较小，仅2个趾节骨，其余第二、第三、第四趾，分别有3、4、5个趾节骨，以第三趾最发达。脚趾的末端形成爪，为弓形的角质鞘，由坚硬的背板和软角质的腹板形成。皮肤在趾间形成蹼，有利于鸭在水中游动。

(五)尾　部

鸭的尾为短而小的肉质突起，位于泄殖腔孔的背侧，尾羽不发达，共有18根，其中公鸭在尾羽的中央有2～4根向上卷曲的性羽(图2-1)，可据此来鉴别雌雄。

鸭的皮肤没有皮肤腺，但有一对发达的尾脂腺，位于尾部背侧。尾脂腺分泌物中含脂肪、卵磷脂和麦角固醇等，其中麦角固醇在紫外线作用下，能变成维生素 D，供皮肤吸收利用。鸭在整理羽毛时，用喙压迫尾脂腺，挤出分泌物，用喙涂于羽毛上，使羽毛润泽。

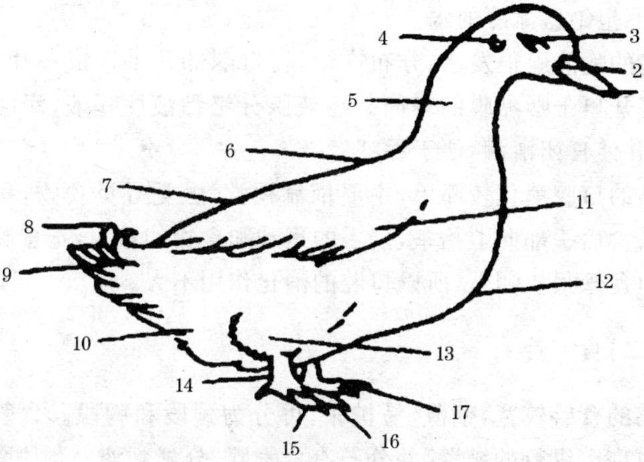

图 2-1　鸭的外貌特征

1. 喙豆　2. 鼻孔　3. 眼　4. 耳孔　5. 颈　6. 背　7. 腰　8. 雄性羽　9. 尾羽　10. 腹　11. 翅　12. 胸　13. 飞节　14. 跖　15. 趾　16. 爪　17. 蹼

二、肉鸭的消化生理特点

鸭的消化系统由消化道和消化腺两部分组成。消化道包括口咽、食管、腺胃、肌胃、小肠、大肠和泄殖腔；消化腺包括唾液腺、胃腺、肠腺、胰腺和肝等。

(一)口　咽

鸭的口腔与咽之间没有明显的界限，直接相通，故称口咽。口咽部前壁正中,有前狭后宽的鼻孔,口咽部黏膜内有丰富的毛细血管,可使大量血液冷却,有散热作用。

鸭的舌长而厚,较灵活,除舌体后部外,侧缘有许多丝状的角质乳头,与喙侧缘的横褶交错分布,一起参与水的滤出。舌黏膜内味蕾较少,味觉机能较差,对水的温度敏感,不喜欢饮高于气温的水,但不拒绝饮冰冷的水。

鸭的唾液腺很发达,分布广泛,在口咽部几乎连成一片,其导管直接开口于咽黏膜的表面。唾液腺分泌黏液性唾液,润滑口腔黏膜,并使食团滑润,便于吞咽。

鸭的口腔消化较简单,主要依靠视觉、触觉寻觅食物,靠喙采食。采食后头部向上抬举,借舌的运动和食物的重力,把食物由口咽推向食管很快咽下,所以口腔的消化作用不大。

(二)食　管

鸭的食管较宽,壁薄,易扩张,可分为颈段和胸段。食管壁表面形成许多纵行的皱襞,并分布有食管腺,分泌黏液。颈段食管后部内含有淋巴组织,形成淋巴滤泡,称为食管扁桃体。

食管主要起输送食物的作用,鸭没有真正的嗉囊,但食管颈段形成一个纺锤形的膨大,相当于鸡的嗉囊,有暂时贮存食物的作用,同时由于唾液和食管黏液的作用,有利于饲料的进一步发酵和软化,尤其适合乳酸菌的生长繁殖,糖类饲料在此可进行初步消化。食物在该处停留的时间,因食物的性质、数量和鸭的饥饿程度而不同,一般停留 3～4 小时。

(三)胃

鸭的胃分为前后两部分,前部叫腺胃,后部叫肌胃。

腺胃又称前胃,呈短纺锤形,位于腹腔左侧,腺胃黏膜内分布有大量的腺体,所以胃壁很厚,内腔较小,腺体直接开口于黏膜表面，称为腺胃乳头，鸭的腺胃乳头体积较小、数量较多。在生理状态下，黏膜上皮有显著的脱落现象。

腺胃的黏膜能分泌酸性胃液，内含有盐酸、胃蛋白酶和黏液。盐酸可活化胃蛋白酶、溶解矿物质，胃蛋白酶可分解蛋白质。腺胃可推动食团进入肌胃，并使食团在腺胃和肌胃之间来回移动。因腺胃体积较小，食物停留的时间较短，所以胃液的消化作用主要是在肌胃内进行的。

肌胃俗称肫，位于腹腔的左下部，呈双面凸的圆盘状，壁厚而坚实。肌胃黏膜内有许多腺体，其分泌物与脱落的上皮细胞一起能在酸的作用下形成一层角质层，由于胆汁的返流作用而呈黄色，角质层的内表面有少量皱褶，角质层与肌胃接触紧密，难以剥离。

肌胃不分泌胃液，但每隔 20～30 秒钟收缩 1 次，主要机能是靠胃壁强有力的收缩和沙砾间的相互摩擦，机械性磨碎粗硬饲料。肌胃的收缩强度与饲料的性质有关，饲料越坚硬，肌胃的收缩力越强。沙砾的作用很重要，如果将肌胃内的沙砾除去，消化率会降低 25%～30%。肌胃的内容物非常干燥，pH 为 2～3.5，适宜来自腺胃的胃蛋白酶进行蛋白质的消化。

(四)肠

鸭的肠分为大肠和小肠 2 段，其长度是躯干的 8.5～11 倍，与哺乳动物比较相对较短。

1. 小肠　小肠分为十二指肠、空肠、回肠 3 段。十二指肠位于腹腔右侧，形成马蹄形肠袢。空肠大部分位于腹腔的右侧，形成约 6～8 圈环状肠袢，在空肠的中部有一小的突起，叫卵黄囊憩室或称卵黄蒂，是胚胎时期卵黄囊柄的遗迹。回肠较短而直，肠壁较厚，以系膜与两盲肠相连。

小肠黏膜表面形成许多大的环状突起称为皱褶，皱褶表面又有很多指状突起称为小肠绒毛，在小肠绒毛细胞表面又有大量刷状小突起,称为微绒毛,这些大小不一的突起,极大地增加了肠黏膜的表面积,有利于肠壁与食糜的充分接触,便于消化吸收。小肠内含有多种消化液如胰液、胆汁和小肠液等,消化液中含有多种酶,如蛋白酶、脂肪酶、淀粉酶、核糖核酸酶等,对饲料中多种营养物质都有消化作用。小肠还可进行多种有规律性运动,如节律性分节运动、蠕动和逆蠕动等,有利于食糜与肠壁的充分接触及消化液向食糜内的渗透,推动食糜向大肠移动,而逆蠕动,则可阻止食糜过快进入大肠,延长食糜在小肠内的停留时间,以促进小肠的消化作用。

鸭的小肠占了肠道总长度的90%;而且盘曲多,表面积大,消化酶丰富;小肠的各种规律运动,使食糜在此停留的时间长,所以说小肠是鸭消化吸收的主要部位。

由于鸭的小肠相对较短,食物从胃进入小肠后,在小肠内的停留时间一般不超过1昼夜,许多成分还未经充分消化吸收就随粪便排出,包括添加在饲料和饮水中的药物也是如此。在生产实际中,为了较长时间维持药物的有效浓度,需要长时间或经常性添加药物。

在饲养管理过程中还应注意,胃液、胰液、小肠液等的机能对饲料成分有很强的适应性,如果长时间使用固定营养成分的饲料,会使各种消化液的分泌活动形成定型,若改变营养成分,消化液的分泌活动也会随着改变,但必须经过一段时间,才可建立起新的定型。如果饲料成分突然发生较大改变,超过了消化液的适应能力,则可能会因消化酶无法及时调整适应而导致消化机能紊乱。

2. 大肠 鸭的大肠分为盲肠和直肠。盲肠有2条,沿回肠两侧向前伸延,分为盲肠基、盲肠体、盲肠尖3部分。在盲肠基部黏膜内有淋巴组织分布,称为盲肠扁桃体,是诊断疾病时主要检查的部位。鸭没有明显的结肠,直肠短,也称结直肠,与泄肠腔相通。

大肠的消化作用主要在盲肠进行。盲肠的容积大,能容纳大量的粗纤维饲料，盲肠内 pH 6.5～7.5，有丰富的营养物质，严格的厌氧条件，适宜微生物的生长繁殖。据测定，1 克盲肠内容物含有 10 亿个细菌。食物在盲肠内存留的时间较长，6～8 小时才能排出，适宜微生物进行消化作用。盲肠内的微生物，可将饲料中纤维素进行发酵分解，产生挥发性脂肪酸，在盲肠内被吸收。

(五)肝和胰

肝是鸭体内最大的消化腺，分为左右两叶，位于腹腔前下部，紧贴腹壁，两叶之间夹有心脏、腺胃、肌胃。肝的重量从孵化出来到性成熟约增加 33.9 倍，其颜色也因年龄和肥育状况而不同，刚出壳的雏鸭由于吸收卵黄素而呈黄色，成年鸭呈红褐色，肥育鸭因贮存大量脂肪而为黄褐色或土黄色，其重量能增大到正常的 5 倍。肝脏右叶脏面有胆囊，呈三角形，有贮存胆汁的作用。肝可以对来自胃肠血液的营养物质进行加工、贮存及解毒作用，其分泌的胆汁流入小肠后有一定的消化功能。

胰位于十二指肠肠袢内，淡黄色或淡红色，长条分叶状。鸭有 2 条胰管，与胆管一起开口于十二指肠的终部。其分泌的胰液进入小肠后起到重要的消化作用。

(六)泄殖腔

泄殖腔是直肠末端膨大形成的腔道，是消化系统、泌尿系统、生殖系统的共同通道。泄殖腔内以 2 个环行的黏膜褶，将泄殖腔分为粪道、泄殖道和肛道 3 部分。

三、肉鸭的生殖生理特点

鸭的生殖系统包括雄性生殖系统和雌性生殖系统。其主要作用是产生成熟的生殖细胞和分泌性激素。

(一)雄鸭的生殖系统

雄鸭生殖系统由睾丸、附睾、输精管和交配器官组成。

1. 睾丸和附睾 睾丸是成对的实质性器官,位于腹腔内,以较短的系膜,悬吊在肾前叶的腹面,周围与胸腹气囊相接触。睾丸外面包有薄的白膜,有丰富的曲细精管和直细精管。曲细精管产生精子,直细精管能分泌精清,因此精子与精清一起形成精液。

鸭新鲜的精液呈弱碱性,pH 为 7～7.6,每次的射精量较少,但精子浓度较高。因鸭精液中精清的量较少,且缺乏供精子呼吸用的物质,造成精子在体外存活的时间较短,因此采精后必须在半小时内输精。

睾丸的大小随年龄、性活动不同有所差异,幼鸭的睾丸很小,只有大米粒大、呈黄色;性成熟时可达鸽蛋大,在繁殖季节还会暂时性显著增大、呈乳白色,其原因是由于细精管长度增加及精液量增加所致。

鸭的附睾不发达,附着于睾丸的背内侧缘,又叫睾丸旁导管系统。有贮存、浓缩、运输精子、分泌精清等功能。睾丸和附睾与较大的血管相邻,在进行阉割手术时,要特别注意。

2. 输精管 输精管是 1 对细而弯曲的管道,与输尿管并行,其末端形成射精管,呈乳头状突入到泄殖道中。输精管在繁殖季节加长增粗,因贮存精子而呈白色。输精管有分泌精清、贮存精子、运输精液的功能。

3. 交配器官 雄鸭的交配器官由 1 对输精管乳头和阴茎组成,输精管乳头为尖端向后的圆锥体,位于泄殖腔腹侧两侧输尿管开口后方。鸭有较发达的阴茎,长 6～9 厘米,平时位于肛道壁的囊中,交配时勃起伸出。

(二)雌鸭的生殖系统

雌鸭的生殖系统仅由左侧卵巢和左侧输卵管构成,右侧在早期胚胎发育的过程中停止发育并逐渐退化。但当左侧卵巢功能衰退或丧失时,右侧的生殖腺可重新发育成睾丸或卵巢。

1. 卵巢 以短的系膜悬挂在腰椎椎体腹侧,其体积和外形随年龄的增长和机能状态而有较大变化。幼鸭的卵巢较小,呈扁平的椭圆形,灰白色或白色,表面略呈颗粒状。随着雌鸭年龄的增长和性活动期的出现,卵泡逐渐成熟,并贮积大量卵黄,突出卵巢表面,至排卵前仅以细的卵泡蒂与卵巢相连,如一串葡萄状。在产蛋期,卵巢经常保持4～5个较大的卵泡。排卵时,卵泡膜在薄而无血管的卵泡斑处破裂,将卵子排出。在非繁殖季节、孵化季节及换羽期,卵泡停止排卵和成熟,卵巢萎缩。

2. 输卵管 鸭左侧输卵管发达,是一条长而弯曲的管道,以输卵管背侧韧带悬挂在腹腔背侧偏左。在产蛋期,输卵管长达60～70厘米,为躯体长的1倍。在孵卵期回缩至30厘米,在换羽期只有18厘米。根据输卵管的构造和功能的不同,可将输卵管分为漏斗部、蛋白分泌部(膨大部)、峡部、子宫部和阴道5部分。

漏斗部位于卵巢的后方,是输卵管的前端扩展而成,其边缘有游离的黏膜褶,叫输卵管伞,中央有输卵管的腹腔口。漏斗部有摄取卵子的作用,卵子在此停留15～25分钟以完成受精。

蛋白分泌部位长而弯曲,管腔大,管壁厚,黏膜形成螺旋形的纵襞,在繁殖期呈乳白色,有分泌蛋白质的作用。卵子在旋转中向后移动,约经3个小时,在蛋黄的表面形成系带、内浓蛋白层、内稀蛋白层、外浓蛋白层和外稀蛋白层。

峡部短而窄,位于蛋白分泌部与子宫之间,管壁薄。黏膜内有腺体,能分泌角质蛋白,形成卵壳膜。

子宫部是输卵管的膨大部，管壁较厚，常呈扩张状态，灰色或灰红色。黏膜内有壳腺，能分泌钙质、角质和色素，形成蛋壳。软蛋在子宫肌层的作用下旋转，约经 20 个小时，使卵壳膜表面均匀地沉积钙质、角质和特有的色素，经硬化形成蛋壳。

阴道部是输卵管的末端，形状呈“S”形，开口于泄殖腔的左侧，是雌鸭的交配器官。阴道部的黏膜呈白色，形成细而低的褶，黏膜内有腺体，分泌物在卵壳表面形成一薄层致密的角质膜，有防止蛋水分蒸发、润滑阴道、阻止微生物侵入等作用。与子宫部相连的一段含有管状的子宫腺叫精小窝，有选择和贮存精子的作用，公鸭的精子进入母鸭的生殖道后，可在此淘汰那些受到污染或已死亡的精子，健康的精子则可在此贮存较长时间，一般在 2 周内都有受精能力。

3. 蛋的结构 蛋由蛋壳、蛋白和蛋黄 3 部分组成。

蛋壳是最外面的硬壳，主要成分是碳酸钙。蛋壳的内侧是蛋壳膜，分为内外 2 层。外层叫蛋外壳膜，厚而粗糙；内层叫蛋内壳膜，薄而致密。蛋壳膜在蛋的钝端形成气室。蛋壳上密布小的气孔，在胚胎发育过程中可进行水分和气体的代谢。

蛋白位于蛋壳内，靠近蛋黄周围的是浓蛋白，接近蛋壳为稀蛋白。蛋黄两端形成白色螺旋形的系带，有固定蛋黄的作用。

蛋黄呈黄色的球状，即为家禽的卵细胞。位于蛋的中央，由薄而透明的蛋黄膜包裹。在蛋黄上面有一白色圆点，受精蛋称胚盘，结构致密；未受精蛋称胚珠，结构松散。

4. 产蛋 蛋的形成是卵巢和输卵管各部共同作用的结果。蛋黄是由肝脏合成，经血液循环运输到卵巢，在卵泡中逐渐蓄积形成，其主要成分是卵黄蛋白和磷脂。卵子从卵巢排出后，输卵管漏斗部将其卷入，然后输卵管伞收缩，再加上漏斗壁的活动，迫使在旋转中的卵进入输卵管的腹腔口。顺次经过漏斗部、蛋白分泌部、峡部、子宫和阴道。

蛋完全形成后，在输卵管的强烈收缩作用下很快产出。鸭产蛋大多数是连续性的，连续多天产蛋后，停产 1～2 天，然后又连续多天产蛋，如此循环，叫产蛋周期。在每天连续产蛋的情况下，产蛋和下一次排卵的间隔时间是相似的，鸭一般于前枚蛋产后约半小时(15～75 分钟)排卵。光照变化是影响鸭产蛋周期最重要的环境因素，在自然条件下，鸭无明显的生殖季节，一般春天光照逐渐增长时出现生殖活动，而在秋天光照逐渐缩短时生殖活动减退。家禽由于长期驯化及选育，繁殖的季节性已不明显，但可运用人工延长光照的办法来提高其产蛋率。

四、肉鸭的免疫生理学特点

(一)鸭免疫系统组成

免疫系统由淋巴细胞、淋巴组织和淋巴器官组成。

1. 淋巴细胞　是指参与免疫应答或与免疫应答相关的细胞，主要包括 B 淋巴细胞、T 淋巴细胞及单核巨噬细胞。

B 淋巴细胞参与体液免疫，当有病原微生物等抗原物质刺激时，可迅速增殖、分化，产生抗体，通过抗体起到中和或清除抗原的作用。

T 淋巴细胞参与细胞免疫，受抗原刺激时可增殖、分化，直接杀伤抗原或产生淋巴因子，通过对吞噬细胞的调节来杀伤或清除抗原。

单核巨噬细胞具有强大的吞噬功能，或吞噬进入体内的异物，还可将吞噬的异物经加工、处理后作为抗原传递给 T 淋巴细胞、B 淋巴细胞，以刺激机体产生免疫应答。

2. 淋巴组织　鸭的淋巴组织广泛地分散于各种腔道及其他实质性器官内。有的呈弥散状，有的呈小结节状，它们虽然在形态学上不具备淋巴结结构，但却构成了机体重要的黏膜免疫系统。

通常把消化道、呼吸道、泌尿生殖道等黏膜下层的许多淋巴小结和弥散性淋巴组织称为黏膜相关淋巴组织，该组织中含有丰富的T淋巴细胞、B淋巴细胞及巨噬细胞，并能产生分泌型抗体，分布于黏膜表面，阻止病原微生物入侵，对黏膜起到保护作用。

从咽部到泄殖腔的消化管壁中几乎都有淋巴组织分布，对肠道内的细菌和其他抗原物质起到局部免疫作用。在盲肠基部和食管末端的淋巴集结，又称为盲肠扁桃体、食管扁桃体。

3. 淋巴器官 淋巴器官又称免疫器官，是淋巴细胞产生、分化、成熟及进行免疫应答的场所。主要包括骨髓、胸腺、法氏囊、脾脏、淋巴结、哈德尔氏腺等。

骨髓是机体重要的造血器官，鸭孵出后所有的血细胞均来源于骨髓，骨髓中的多能造血干细胞，可分化为各种血细胞；此外骨髓也是形成抗体的重要部位，抗原免疫动物后，骨髓可缓慢、持久的大量产生抗体。所以骨髓具有造血与免疫双重功能。

鸭胸腺位于颈部皮下气管的两侧，每侧有5叶，呈一长链状。幼禽发达，在接近性成熟时最大，以后随着年龄的增长逐渐退化，到成年时只留下痕迹。胸腺的主要功能是诱导分化出T淋巴细胞，参与细胞免疫。

鸭法氏囊又叫腔上囊，是家禽所特有的免疫器官，位于泄殖腔背侧，开口于肛道。鸭的法氏囊呈长椭圆形，3～4月龄最发达，1年左右消失，其内腔面形成2～3条纵褶，壁内有大量排列密集的淋巴小结，是产生B淋巴细胞并分化成熟的主要部位，参与机体的体液免疫。

鸭脾脏呈钝三角形、红褐色，位于腺胃的右侧。脾脏中定居有各种淋巴细胞，循环血液流经脾脏时，其中的巨噬细胞可吞噬和清除侵入血液的细菌等异物及自身衰老死亡的血细胞，而T淋巴细胞、B淋巴细胞受到抗原刺激后也可在此处进行免疫应答。故脾脏的主要功能是参与免疫，此外还有造血和滤血的作用。

鸭有 2 对淋巴结，1 对是颈胸淋巴结，另 1 对是腰淋巴结，主要功能是过滤清除进入淋巴液的异物，同时也是淋巴细胞进行免疫应答的场所。

鸭哈德尔氏腺也称瞬膜腺，较发达，呈淡红色，位于第三眼睑（瞬膜）的深部，受抗原刺激后，能分泌特异性抗体，通过泪液进入呼吸道，参与上呼吸道的局部免疫，并且不受母源抗体干扰，因此对于早期免疫起着重要作用。

（二）免疫系统功能

1. 免疫防御　免疫系统可识别并清除侵入机体的病原微生物，抑制其在体内繁殖、扩散，并有记忆作用，对于相同病原微生物的再次入侵可建立起更快更强烈的应答反应。同时对于进入体内的异种或同种异体的细胞或器官也有排斥作用。

2. 自身稳定　免疫系统可清除体内多种衰老、被破坏和受损伤的细胞，以维持机体的生理平衡。

3. 免疫监视　免疫系统能识别、杀伤和清除体内的各种突变细胞。

（三）抗感染免疫

抗感染免疫是指机体抵抗病原体感染的能力，其构成因素主要包括特异性免疫和非特异性免疫两个方面。

1. 非特异性免疫　是鸭在长期进化过程中形成的天然防御功能。如鸭体表被覆有皮肤和黏膜，可以阻挡绝大多数病原微生物的入侵；鸭体内血液及各组织器官中含有大量吞噬细胞，具有强大的吞噬功能，可将进入体内的异物及病原体及时清除；在血液、唾液、泪液和消化道、呼吸道的分泌物中也有大量具有杀菌抑菌作用的物质；同时，当病原微生物侵入到鸭体后，入侵局部往往会产生炎症反应,有利于杀死病原体。

非特异性免疫对各种微生物及异物都有防御作用,无针对性。

2. 特异性免疫 又叫获得性免疫,是鸭在生活过程中,直接或间接接触抗原物质刺激而产生的免疫力,其作用比非特异性免疫强大,在抗微生物感染中起着主要作用,但有很强的特异性和针对性,并有免疫记忆的特点,包括体液免疫和细胞免疫两方面。体液免疫主要依赖相应抗体对入侵体内的病原体产生中和、溶解等作用而将其清除;细胞免疫主要由被激活的具有杀伤作用的 T 淋巴细胞直接杀伤病原体,同时也可通过细胞因子调节各吞噬细胞的功能来清除病原体。

鸭在自然感染某种病原微生物后,有的会发病死亡,但也有的会通过免疫应答彻底清除病原而耐过,这种自然感染耐过的鸭,会获得对该病的强大的特异性免疫力,在很长时间内甚至终生不再易感;雏鸭也可通过卵黄获得母体对某病的特异性抵抗力,但该免疫力持续时间较短,只起到早期保护的作用,随着卵黄抗体的减少,雏鸭的易感性会逐渐升高。

生产中人们往往通过注射疫苗的方法,刺激鸭产生针对该病原的特异性抵抗力。病毒抗原需 3～4 天、细菌抗原需 5～7 天即可产生免疫力,免疫期可达数月。免疫的记忆功能可使鸭体在再一次接触相同抗原时,产生迅速而强烈的免疫应答反应,及时产生保护;也可通过给鸭注射卵黄抗体或免疫血清的方法使鸭获得对该病的抵抗力。该特异性免疫力的获得无诱导期,注射后几小时即可发挥作用,免疫力出现快,但维持时间短,随着抗体在体内的代谢消耗,免疫力会逐渐降低。

五、肉鸭的生物学特性与行为习性

(一)生物学特性

1. 全身被覆羽毛,耐寒性强　鸭的体表覆盖有正羽,起到防止机械性伤害和体热散失的作用。而绒羽密生于皮肤表面,被正羽覆盖,表面看不到,蓬松的羽枝呈放射状直接从羽根发出,有很强的保温作用。鸭尾脂腺的分泌物可以使羽毛不被水浸湿,即使在寒冷的冬季仍可在水中游动,耐寒性强。

2. 换气效率高,新陈代谢能力强　鸭的肺较小,约有1/3嵌于肋间隙内,故扩张性不大,但气体交换面积大,按与体重的比例来计算,约是哺乳动物的10倍,因而有很高的新陈代谢能力。初级支气管或次级支气管出肺后形成气囊,容积比肺大5～7倍,有贮存空气的作用,使鸭在吸气与呼气时都能进行气体交换,换气效率较高,以适应禽类飞翔或游泳时强烈的新陈代谢需要。

3. 无汗腺,代谢产物主要通过肾脏排出　鸭的新陈代谢较旺盛,肾小管的分泌和排泄机能较强,能将自身的代谢产物和血液中的某些药物(如青霉素)排泄到尿中。鸭体内蛋白质代谢的主要终产物是尿酸,90%的尿酸经肾小管的分泌作用排到尿中。鸭尿因含有较多的尿酸盐,呈奶油色,较浓稠,呈弱酸性。而且由于尿酸盐不易溶解,极易沉积于肾小管与输尿管中,使整个肾脏肿胀。

4. 无膀胱,尿液随粪便排出　鸭无膀胱与尿道,尿液产生后直接通过输尿管排泄到泄殖腔中,随粪便一起排出体外。

5. 生长发育快,饲料转化率高　在众多家禽中,肉鸭的早期生长速度较快,在饲料充足、饮水正常、良好管理的条件下,肉鸭的生长速度明显高于肉鸡。鸭的食性广,饲料报酬高,若采用舍饲与放牧相结合的方式,可采到大量的天然饲料,饲养成本会进一步降低。

(二)行为习性

1. 喜水性 鸭属水禽,喜欢在水中觅食、嬉戏和求偶交配,只有在休息和产蛋时才回到陆地上,而且鸭的绒羽较密,皮下脂肪发达,其尾脂腺的分泌物可以使羽毛不被水浸湿,因此对于舍饲的种鸭,应设置一些人工水池,以供鸭洗浴及种鸭交配之用。而工厂化饲养的肉鸭虽喜水,也可全部实现旱养。

2. 怕暑性 鸭没有汗腺,体表又被覆羽毛,散热的能力差。当温度高于26.7℃时,以呼吸蒸发散热为主。由于高湿妨碍蒸发散热,因此适当的空气流通有助于鸭耐受高温。当外界温度过高时,鸭会出现翅膀下垂、站立、热喘息、咽喉颤动等异常表现,以加强散热,减少产热。幼鸭的体温调节能力较差,在育雏时,应特别注意温度的控制。

3. 合群性 鸭在野生情况下,天性喜群居和成群飞翔,虽经驯养但家鸭仍保留有很强的合群性,在放牧条件下可成群行走而不紊乱,相互间不喜殴斗,这种特性适于大群放牧饲养和圈养,管理也较容易。

4. 夜间产蛋,无就巢性 鸭产蛋多在夜间0时至清晨3时,产蛋后稍歇离开。经过人的长期选育后,已失去了抱孵的本能。这种特性适于白天放牧,夜间圈养,从而增加产蛋时间,便于收集鸭蛋。

5. 生活规律性 鸭具有良好的条件反射能力,对日常的饲养管理适应后,表现出极强的规律性,其采食、洗羽、歇息、产蛋等都有较固定的习惯。这种生活节奏一旦形成,改变后会引起鸭群鸣叫、骚乱。故一经制定的操作管理日程不要轻易改变。

思考题

1. 鸭消化系统由哪些器官组成?
2. 为什么小肠是鸭消化吸收的主要部位?

3. 鸭的气囊在呼吸、运动过程主要起到什么作用？
4. 鸭的生物学特性包含哪几方面？
5. 雌鸭输卵管主要由哪几部分组成？各部位有何作用？
6. 鸭的获得性免疫包括哪些途径？
7. 鸭体内的淋巴器官有哪些？
8. 鸭的胃有几部分构成？各部位有何作用？
9. 鸭的小肠有哪几段构成？
10. 鸭的行为习性有哪些？

第三章　肉鸭品种及繁殖技术

一、肉鸭主要品种

(一)北 京 鸭

北京鸭是世界著名的优良肉用鸭标准品种。原产于北京郊区,以玉泉山和护城河一带为主。除北京外还分布于天津、上海、广东、辽宁、黑龙江、内蒙古、山西、河南等地。1873 年传至美国,后又经美国传至欧洲和日本等地,现世界各国都有分布。该品种体形硕大丰满,头大颈粗,体躯长方形。背宽平,胸丰满,胸骨长而直。翅较小,尾短而上翘。雏鸭绒毛嫩黄色,成年鸭全身羽毛白羽,喙、胫、蹼呈橘黄色,虹彩灰蓝色。

北京鸭体型较大,性情温驯,合群性强。21 日龄平均 650 克,49 日龄平均 1 875 克,63 日龄平均 2 625 克。大型北京鸭 42 日龄平均体重3 100克,料肉比 2.3∶1。

(二)天府肉鸭

天府肉鸭是四川农业大学育成的遗传性能稳定、适应性和抗病力强的大型肉鸭商用配套品系。天府肉鸭广泛分布于四川、云南等十多个省、直辖市。该品种体形硕大丰满,羽毛洁白,喙、胫、蹼呈橙黄色。母鸭随着产蛋日龄的增长,颜色逐渐变浅,甚至出现黑斑。初生雏鸭绒毛呈黄色。

商品代肉鸭 28 日龄活重 1.6～1.86 千克,料肉比 1.8～2∶1;35 日龄活重 2.2～2.37 千克,料肉比 2.2～2.5∶1;49 日龄活重3～3.2千克，料肉比2.7～2.9∶1。

（三）仙湖肉鸭

仙湖肉鸭配套系是由广东省佛山科学技术学院的科研人员经过历时近10年研究培育出的高产、优质、专门化肉鸭配套系。现已在广东、广西和四川等地广泛推广养殖。该品种体型大，全身羽毛洁白而紧凑，头大，额宽，颈粗短，体长，背宽，胸部发达，脚短，体躯倾斜度小、几乎与地面平行，喙橙黄色，脚、胫、蹼橘黄色。雏鸭出壳绒毛呈黄色，3周龄以后逐渐变为白色。

目前已育成两个专门化配套品系，专门化母系种鸭49日龄平均体重3.5千克，料肉比2.87∶1；专门化父系种鸭49日龄平均体重3.6千克，料肉比2.75∶1。商品肉鸭49日龄平均体重3.3千克，料肉比2.57∶1。

（四）樱桃谷肉鸭

樱桃谷鸭是英国樱桃谷农场用北京鸭和阿里斯伯里鸭为亲本经杂交育成的一种瘦肉型鸭，是当前优质的鸭种，世界各国都有分布。我国广东省于1980年首次引进，现各省广泛饲养。该品种头大、额宽、颈平而粗短，翅膀强健、紧贴躯干；背宽而长，从肩至尾部稍倾斜，胸部较宽深。肌肉发达；羽毛洁白，脚粗短，颈、蹼均为橘黄色，喙呈黄色。

樱桃谷鸭体型较大，成年公鸭体重4～4.5千克，母鸭3.5～4千克。父母代群母鸭性成熟期26周龄，开产体重平均3.2千克，母鸭平均产蛋280枚；商品鸭47日龄平均体重3.48千克，料肉比2.28∶1。

（五）狄 高 鸭

狄高鸭是澳大利亚狄高公司引入北京鸭选育而成的大型配套

系肉鸭。20世纪80年代引入我国，1988年广东省南海市种鸭场引进狄高鸭父母代，生产的商品代鸭反映良好。该品种具有生长快、早熟易肥、体况硕大、屠宰率高等特点且性喜干爽，能在陆地上交配，适于丘陵地区圈养或网养。喙、胫、蹼为橘红色，头大颈粗、胸宽。羽毛白色。

性成熟期为182日龄。33周龄进入产蛋高峰，产蛋率达90%。年产蛋230枚左右，平均蛋重88克。商品代7周龄肉鸭平均体重3千克，料肉比2.9～3∶1。

(六)奥白星鸭

奥白星鸭是由法国奥白星公司采用品系配套方法选育的商用肉鸭。山东引进了该品种，在我国山东等省饲养较多。该品种具有生长快、早熟易肥、体形硕大、屠宰率高等特点。鸭绒羽呈黄色，脱换幼羽后全身羽毛洁白。喙、胫、蹼呈黄色。头大颈粗，胸宽，体躯稍长，胫粗而短。该鸭性喜干爽，能在陆地上进行自然交配，适应旱地圈养或网养。

奥白星种鸭性成熟在24周龄，年产蛋220～230枚；商品代7周龄平均体重达3.7千克，料肉比2.2～2.6∶1。

二、各品种主要生产性能指标计算

(一)生活力指标

1. 雏鸭成活率(育雏率) 指育雏期末成活雏鸭数占入舍雏鸭数的百分比。

$$雏鸭成活率(\%)=\frac{育雏期末成活雏鸭数}{入舍雏鸭数}\times 100$$

2. 育成鸭成活率(育成率) 指育成期末成活育成鸭数占育

雏期末入舍雏鸭数的百分比。

$$育成鸭成活率(\%)=\frac{育成期末成活的育成鸭数}{育雏期末入舍雏鸭数}\times100$$

3. 母鸭存活率　入舍母鸭数减去死亡数和淘汰数后的存活数占入舍母鸭数的百分比。

$$母鸭存活率(\%)=\frac{入舍母鸭数-(死亡数+淘汰数)}{入舍母鸭数}\times100$$

(二)繁殖力指标

肉种鸭繁殖性能的高低，主要是通过种蛋受精率、种蛋合格率、孵化率和健雏率等项指标进行评定。其中，种蛋合格率、受精率与种鸭的饲养管理密切相关，而孵化率和健雏率则主要与孵化管理工作密切相关。

1. 种蛋合格率　指种母鸭在规定的产蛋期内所产符合本品种、品系要求的种蛋数占产蛋总数的百分比。

$$种蛋合格率(\%)=\frac{合格种蛋数}{产蛋总数}\times100$$

2. 种蛋受精率　指受精蛋数占入孵蛋数的百分比。

$$种蛋受精率(\%)=\frac{受精蛋数}{入孵蛋数}\times100$$

入孵的种蛋中，并非全部受精。受精率的高低主要与饲养管理有关，同时与品种、公母鸭的配偶比例也有相当的关联。种蛋受精率低时，一般难以获得好的孵化成绩。

3. 孵化率　又叫出雏率，分以下两种。

(1)受精蛋孵化率　出雏数占受精蛋数的百分比。

$$受精蛋孵化率(\%)=\frac{出雏数}{受精蛋数}\times100$$

(2)入孵蛋孵化率　出雏数占入孵蛋数的百分比。

$$入孵蛋孵化率(\%)=\frac{出雏数}{入孵蛋数}\times100$$

4. 健雏率 指健康雏鸭数占出雏数的百分比。

$$健雏率(\%)=\frac{健雏数}{出雏数}\times100$$

初生雏并非全部是健壮的，有少数体重过小、精神不振、脐部愈合不良、腹大站不稳，有残疾、畸形者统称为残弱雏。

5. 种母鸭提供的健雏数 指在规定产蛋期内，每只种母鸭提供的健康雏鸭数。

（三）产蛋力指标

1. 产蛋量 指母鸭在统计期内的产蛋数量。是种鸭生产的重要经济指标。

按母鸭饲养只日统计。1个母鸭饲养只日就是指1只母鸭饲养1天。

$$母鸭饲养只日产蛋量(枚/只)=\frac{统计期内总产蛋数(枚)}{平均饲养母鸭只数(只)}$$

按入舍母鸭数统计。

$$入舍母鸭产蛋量(枚/只)=\frac{统计期内总产蛋数(枚)}{入舍母鸭数(只)}$$

2. 产蛋率 指母鸭在统计期内的产蛋百分率。

$$饲养只日产蛋率(\%)=\frac{统计期内总产蛋数}{统计期内总饲养只日数}\times100$$

$$入舍母鸭产蛋率(\%)=\frac{统计期内总产蛋数}{入舍母鸭数\times统计期日数}\times100$$

3. 蛋　重

（1）平均蛋重　个体记录者须连续称取3个以上的蛋求平均值；群体记录时则连续称取3天总产蛋量，求平均值。平均蛋重以克为单位。

（2）总蛋重　单位为千克。

总蛋重(千克)=[平均蛋重(克)×总产蛋数]÷1000

4. 蛋的品质　测定蛋的品质应在蛋产出后24小时内进行，每次测量数量要求不少于50枚。

(1)蛋形指数　即蛋的长径与短径的比值。蛋的正常形状为椭圆形，蛋形指数在1.3～1.35之间。

(2)蛋壳强度　指蛋壳耐受压力的大小。用蛋壳强度测定仪测量。蛋的纵轴比横轴压力大，故装运以竖放为好。

(3)蛋壳厚度　用蛋壳厚度测定仪分别测定钝端、锐端和中腰3处蛋壳厚度，求平均值。理想的蛋壳厚度为0.33～0.35毫米。

(4)蛋的比重　表明蛋的新鲜程度。测定用盐水漂浮法。

(5)蛋的色泽　蛋壳色泽是品种的重要特征，蛋壳颜色有白、粉、褐、浅褐和绿色等。

(四)产肉性能

评定肉鸭产肉性能主要有生长速度、体重、屠宰率和屠宰品质等。

1. 生长速度　生产肉用仔鸭主要是利用早期生长快的特点。生长速度快可缩短饲养时间，减少饲料消耗，节省人工，提高设备利用率，减少感染疾病的机会，加速资金周转，提高经济效益。

生长速度与肉鸭的种类、品种、初生重、年龄、性别以及饲养管理条件等因素有关。

2. 体重　在一般情况下，体重越大产肉越多。对于肉鸭要求有较大的体重。但体重大则消耗的饲料多，饲养不经济。因此，在生产中，为了提高经济效益，应把体重与饲料报酬二者结合起来考虑。

体重与品种、年龄、性别、饲养条件等有关。在日常饲养管理中，需要经常抽测体重，以检查饲养效果，决定喂料量。

3. 屠宰指标　反映肉鸭肌肉丰满的程度。屠宰指标愈高，产肉愈多，对于肉用家禽要求有较高的屠宰指标。

(1)屠宰率　屠体重是指活体重放血、净毛、剥去脚皮、爪壳、喙壳后的重量；活重是指屠宰前停喂12小时后的重量。

$$屠宰率(\%)=\frac{屠体重}{活重}\times100$$

(2)半净膛率　半净膛重指屠体重除去食管、气管、嗉囊、肠、脾、胰和生殖器官，保留心、肝(去胆囊)、肺、肾、肌胃(除去内容物和角质层)、腺胃以及腹脂的重量。

$$半净膛率(\%)=\frac{半净膛重}{屠体重}\times100$$

(3)全净膛率　全净膛重是指半净膛重除去心、肝、腺胃、肌胃、腹脂重量。

$$全净膛率(\%)=\frac{全净膛重}{屠体重}\times100$$

4. 屠体品质　评定屠体品质主要有胸部肌肉、肉质嫩度及屠体美观等指标。

胸部肌肉是肉鸭的重要经济指标，关系到市场的需要。理想的肉用仔鸭屠体胸角应在90°以上，一般在屠宰时测量，用胸角器测量胸骨前1/3处。

肉质嫩度是测量肌纤维的粗细和拉力。通过测量可判断肉质的细嫩程度，如肌纤维细、拉力小则说明肉质细嫩。

屠体美观方面要求外观丰满、光泽、洁净、无伤痕及胸囊肿，屠体皮肤以白色或黄色为佳。

(五)饲料报酬的计算

1. 产蛋期料蛋比　即产蛋期消耗饲料量除以总产蛋重，也就是每产1千克蛋所消耗的饲料量。

$$产蛋期料蛋比=\frac{产蛋期耗料量(千克)}{总产蛋重量(千克)}$$

2. 料肉比　即饲料转化率，用每增重1千克体重所消耗的饲料量来表示。

$$\text{料肉比} = \frac{\text{全程耗料量(千克)}}{\text{总增重(千克)}}$$

三、肉鸭繁殖技术

(一)肉鸭自然交配

目前鸭的繁殖以自然交配为主。

1. 自然交配与受精　鸭的交配行为包括求偶和交配，主要是受激素的控制。

求偶一般多是公鸭主动。求偶时，公鸭发出求偶叫声，并向母鸭频频点头，若母鸭同意，则做出相应的动作，并伏下身躯，伸长脖颈，表现出接受交配的姿势。

交配时，公鸭伏于母鸭背上，用喙咬住母鸭颈部，此时，母鸭尾羽向一侧斜并上翻，尽力使泄殖腔向上暴露，公鸭则弓腰压尾，将阴茎插入母鸭泄殖腔内，约持续 5 秒钟后，公鸭从母鸭背上滑下，交配即告完毕。

公鸭争配现象不明显，除了成年公鸭间为争母鸭配种而时有攻击对方的行为外，其他情况下，一般不会发生争配现象。但当公鸭比例过高时，常出现几只公鸭追逐一只母鸭的现象。因此，当在鸭群中投入一只陌生的母鸭，即使是刚配种不久的公鸭也会立即表现旺盛的交配欲望，进行交配，甚至几只公鸭同时追逐这只母鸭。鸭群中母鸭会争相去“拥抱”新放进的陌生母鸭；即使是同群的母鸭，也常表现出相互“拥抱”的现象。

2. 公母比例　在育成期准确控制鸭子体重对取得最佳的种鸭生产性能至关重要。为了能够尽可能准确地控制鸭的体重，最好将公鸭和母鸭分开饲养至 18 周龄。为了使公鸭有适当的“性记忆”，少数的母鸭必须与公鸭饲养在一起，这些母鸭被称为“盖印母鸭”。

如果公鸭单独饲养，即使有限的饲养，也将会造成同性恋，从而受精率下降，所以，公母鸭的饲养比例应按如下配比。

(1)0～18 周　公母鸭分开饲养，但公鸭群中要放入少量的“盖印母鸭”，按每 9 只公鸭放入 2 只母鸭混合。

(2)18 周至产蛋结束　将公鸭和母鸭以每 5 只母鸭 1 只公鸭的比例重新混合。

3. 提高种蛋受精率的措施

(1)加强饲养管理　一个健康良好的种鸭群，正确的饲养管理是提高种蛋受精率的基础。一方面要提供足够的饲料，适时定量补充一些维生素、矿物质等，满足公鸭配种需要，提高精子的活力。另一方面应给鸭群创造安静的饲养环境和相对稳定的操作程序，避免给鸭群带来大的应激，以至造成某种疾病的发生而影响种蛋的受精率。尤其是夏季高温天气，公鸭精液稀薄，不愿交配，严重影响种蛋的受精率，一定要做好鸭群的防暑降温工作。

(2)公母比例适当　实践证明，肉用种鸭公母比例在 1∶5 最为合适。合适的比例能使受精率保持在 90％以上。比例过低，由于公鸭的性能力有限，部分母鸭就得不到与公鸭交配的机会；比例过高，会引起公鸭间的争斗，母鸭也常因公鸭过多，频频被爬跨，而不愿与公鸭交配。因此，公母比例过大或过小都会影响到种蛋的受精率。

(3)降低种鸭腿脚病　正常的脚趾对公鸭的交配极其重要(尤其是中趾)，如果因发炎肿痛或变形则会影响公鸭的交配动作或不能踩在母鸭背上，母鸭也会因腿脚病而不愿被爬跨，造成种蛋受精率降低。为降低种鸭腿脚病，首先对营养缺乏引起的种鸭跗关节肿大、跛行等，要保证日粮营养物质的平衡，饲料中维生素含量应高于标准 20％～40％。矿物质，特别是钙含量应高于标准 15％～

25％，特别是夏季高温期间和种鸭产蛋后期。其次加强日常垫料、场地、河坡等的管理，以减少挂伤、碰伤等外伤机会，避免细菌感染，尤其是葡萄球菌引起的关节炎、关节周围炎、滑膜炎以及关节周围结缔组织增生，关节畸形等。

(4)抓住配种时机　种鸭嬉水交配多在早晨和傍晚时间进行，每天适当驱赶下水，尤其是秋、冬季节，适当的下水聚群，有利于提高种蛋的受精率。下水的水源要清洁，水深在1米以上，水中不能有杂草、树枝等杂物，否则易损伤公鸭阴茎，造成阳痿、垂缕不收，影响种用价值。

(5)及时淘汰、更换公鸭　在产蛋期，及时挑出跛足、性行为不明显以及失去交配能力的公鸭。因为当患病公鸭在场时，其配偶不轻易与其他公鸭交配，造成受精率偏低。到产蛋后期，鸭群内公鸭由于死亡等原因造成数量不足以及公鸭性欲有所下降，最好按比例补充一些后备公鸭，有利于提高产蛋后期的种蛋受精率。

(二)肉种鸭人工授精技术

目前肉种鸭的繁殖仍以自然交配为主，人工授精技术正在逐步推广和普及。

1. 采精前的准备

(1)鸭群的饲养管理　人工授精的公母鸭在产蛋前应分开饲养，公鸭最好小群饲养，以免公鸭互相追逐，甚至打伤，影响采精。为了获得量多、品质好的精液，可以适当补充些新鲜动物性蛋白质；在冬、春季节采精时，有条件的，公鸭需补充光照。采精前4小时必须停食停水，以免采精时排粪尿，污染精液。

(2)人工授精器具的准备　包括采精管、集精杯、输精管等。器具需清洗，消毒，烘干备用。

(3)公鸭的训练和选留　人工授精的公鸭，必须经过一定时间的按摩训练，才能建立性反射。一般训练5～7天就能完全建立条件反射，精液量较多的可占3/5～4/5。采不到精液和精液量太少的公鸭需及时淘汰。公鸭的选留还要进一步检查其精液品质，一般可检查精液量、精子活力和密度。

2. 采精方法 能引起公鸭性兴奋的部位是在髋关节后上方的髂骨区。若按摩部位不对，虽然阴茎也能外翻，但由于未充分勃起，阴茎表面螺旋形的精沟未合拢，精液往往流失，采精者应切记。现将鸭的采精操作程序简单介绍于下。

公鸭采精由两人操作。一人保定公鸭于采精台上，右手固定鸭翅膀基部的胸段，使鸭呈蹲伏姿势，鸭的后腹部悬于采精台后面便于按摩操作。左手持集精杯。另一人用一块灭菌的棉球蘸生理盐水清洗肛门，由中央向外擦洗。此后开始按摩采精。采精人员用左手，掌心向下，拇指和四指自然分开稍弯曲，手指和掌面紧贴公鸭的背部，从翅膀的基部（睾丸部位）向尾部方向的顺序，有规律地进行按摩。按摩次数不等，视公鸭性反射情况而定。性反射快的6～7次即可，性反射慢的要按摩10多次。同时用右手有节奏地按摩腹部后面的柔软部，并逐渐按摩和挤压泄殖腔内有一如核桃大的硬块，同时阴茎基部的大小淋巴体开始外露于肛门外。固定公鸭的助手迅速将手里的集精杯靠近泄殖腔，采精者右手固定在阴茎基部的下面，用左手挤压泄殖腔部位，阴茎外翻伸入到集精杯内，精液沿着闭合的螺旋精沟射到集精杯内。

采精时要注意防止粪便污染精液，除采精前4小时应停料停水外，收集精液的集精杯部要靠近泄殖腔。上午采精最为适宜，公鸭经过一夜的肠道排空，采精时粪便少。公鸭经过一夜的休息，早晨性欲旺盛。上午采精与母鸭的输精相衔接，鸭子是夜里产蛋，早上子宫里没有硬壳蛋，对输精更为方便，对精子的上行更为有利。

3. 输精方法 鸭的产蛋时间较一致，除个别鸭外，大多数在夜里产蛋。因此，母鸭的输精时间应在早上为宜。输精前精液需经过检查，凡是受污染和太稀薄的精液应弃去不用。输精器也需要事先消毒好。输精时，助手将母鸭固定在输精台上，输精者面向母鸭的尾部，左手的四指并拢将鸭的尾羽拨向上方，拇指紧靠着泄殖腔的下缘，轻轻向下方压迫，使泄殖腔张开，右手持事先吸好精液的输精器沿着泄殖腔口后，向左下方插进，输精器自然插入输卵管内约 5～7 厘米深，此时左手拇指放松，稳住输精器，由右手输入所需的精液量，抽出输精器即可。

4. 人工授精注意事项

第一，采精和输精时，所需用的一切器械必须进行高温或高压灭菌消毒。

第二，精液的采集过程中要求精液无粪便、血液、饲料等污染，否则易造成精子死亡，影响受精率。应把泄殖腔周围的羽毛剪去，并应保持笼圈清洁干净。在采精前 3～6 小时应进行停饲、停水。在采精、稀释、授精的过程中要严禁吸烟。避免强烈光照和较大温差影响。

第三，每群种鸭的授精人员必须固定。因为每个人的手法和力度都有所不同，更换授精人员会引起种鸭应激，导致受精率下降。另外，人工授精人员应加强责任心，并要求具备熟练的采精和授精等技术。

第四，输精部位要求适中。不能过浅，防止精液外溢；也不能过深，造成输卵管炎症。应注意不要将气泡输入，否则会导致精液外溢，影响受精率。输精后，当拔出输精管时，应同时松手减轻压迫，阴道口即可慢慢地收缩回泄殖腔。松手过慢，易导致精液外流。

第五，输精时，应用蘸有生理盐水的棉球擦洗肛门周围，每输完一只母鸭用棉球将输精管擦净。对部分患有生殖道炎症的母鸭，必须及时隔离治疗，防止交叉感染。

思 考 题

1. 简述采精的方法及注意问题。
2. 提高肉用种鸭受精率的措施有哪些?
3. 采精前应做好哪些准备工作?
4. 评定肉鸭生活力的指标有哪些?
5. 评定肉鸭繁殖力的指标有哪些?
6. 评定肉鸭产蛋性能的指标有哪些?

第四章　肉鸭饲料营养知识

一、肉鸭需要的营养素

为了保证鸭体的健康和正常的生长、发育和生产，必须保证从饲料中供给水分、蛋白质、碳水化合物、脂肪、矿物质、维生素等各种营养素。

(一)水　分

水分是鸭体和鸭蛋的主要组成成分，鸭肉中含水率为48%～75%、骨骼为45%、鸭蛋为70%、血液为80%以上。水是各种营养物质的溶剂，各种养分的吸收、运输，废物的排出，体温的调节等都必须有水分的参与。鸭体内水分损失10%会导致严重的代谢紊乱，体内损失20%以上的水分很快就会死亡。因此，必须经常供给清洁的饮水。

(二)蛋 白 质

蛋白质是构成鸭体的主要成分。肌肉、骨骼、血液、内脏器官、皮肤、羽毛等体组织和鸭蛋中均含有大量蛋白质。

蛋白质是由20多种氨基酸组成的。鸭体本身不能合成或合成的速度不能满足需要而必须从饲料中供给的氨基酸叫必需氨基酸。鸭的必需氨基酸有13种，它们是赖氨酸、蛋氨酸、色氨酸、亮氨酸、异亮氨酸、苯丙氨酸、苏氨酸、组氨酸、缬氨酸、精氨酸、甘氨酸、胱氨酸和酪氨酸。日粮中必需氨基酸含量不足会影响鸭体的生长发育和生产，严重时会导致死亡。动物性蛋白质饲料(如鱼粉、肉粉、血粉、蚕蛹粉等)中含粗蛋白质40%～80%,其利用价值也较高,它们一般在配合饲料中添加3%～5%。植物性蛋白质饲料(如豆粕、棉籽粕、菜籽粕、花生粕、葵花籽粕等)含粗蛋白质30%～48%,其利用价值比动物性蛋白质饲料低,但多种植物性蛋白质饲料同时配料能发挥氨基酸的互补作用,以提高日粮中蛋白质的利用率,在配合饲料中一般添加15%～30%。

(三)碳水化合物

碳水化合物是鸭体主要的能量来源,它们在鸭体内转化为糖原和脂肪的形式存在。饲料中的碳水化合物分为可溶性糖和粗纤维两大类。可溶性糖包括淀粉和糖类,其营养价值较高。玉米、高粱、小麦、稻米等谷类籽实含可溶性糖较多,一般为60%～70%。淀粉和糖类在鸭体内消化过程中被分解为葡萄糖和低级脂肪酸,经过一系列氧化作用而产生热能,提供维持体温和鸭体新陈代谢活动所需的能源,如果还有剩余,就在体内转变成肝糖原和脂肪贮存备用。在填鸭肥育阶段给予大量糖类饲料,就是根据这个原理促使填鸭积蓄大量脂肪。

鸭体对粗纤维的消化能力很低。日粮中含有适量的粗纤维能增加饲料体积,起到填充作用。日粮中粗纤维过多则会降低饲料的消化率。雏鸭饲料中粗纤维含量不能超过4%,中、大鸭一般不能超过8%～10%。

(四)脂　肪

脂肪的主要作用与碳水化合物相同,但其产热量是碳水化合物的2.25倍,因此它不仅是配制高浓度日粮所必需,并且日粮中含有适量脂肪能增加饲料的适口性和消化率。它还是脂溶性维生素(维生素A、维生素D、维生素E、维生素K)的溶剂,日粮中缺乏脂肪会减少脂溶性维生素的吸收。另外,脂肪中的亚油酸还是鸭体所需的必需脂肪酸。许多饲料中都含有脂肪，其中以油类籽实中含量较多，如花生含脂肪47%、大豆含脂肪18%。禾本科籽实含脂肪少，一般只有1.5%～5%。

（五）矿物质

矿物质是一类无机的营养物质，是肉鸭体组织成分之一，约占体重的5%。根据体内含量分为常量元素（钙、磷、钾、钠、氯、镁和硫等）和微量元素（铁、锌、铜、锰、钴、碘、钼、硒等）。

1. 钙和磷　钙和磷是骨骼的主要成分。钙对维持神经和肌肉兴奋性和凝血酶的形成具有重要作用。磷以磷酸根的形式参与体内代谢，在高能磷酸键中贮存能，参与DNA、RNA以及许多酶和辅酶的合成，在脂类代谢中起重要作用。钙、磷不足主要表现为骨骼病变。典型症状是佝偻病，两腿无力，喙、趾及骨质变软。种蛋壳变薄、产蛋量和孵化率降低。缺磷主要症状为厌食、生长不良。

钙和磷关系密切，两者比例适当才能被肉鸭很好吸收。一般情况下，雏鸭以1.5∶1，产蛋鸭以5∶1为宜。

2. 钠、氯、钾　钠和氯主要存在于细胞外液，而钾则存在于细胞内。3种元素协同作用保持体内正常渗透压和酸碱平衡。钠和氯参与水的代谢，具有杀菌作用。氯化钠还具有调味的作用。植物性饲料中含钾多而钠和氯少，很少发生缺钾现象。但缺乏钠和氯时，肉鸭生长受阻，食欲减退，产蛋率下降，出现异食癖等。一般生产中，肉鸭日粮食盐水平以0.35%～0.37%为宜。超过0.8%则会影响肉鸭增重及饲料转化率。

3. 镁　肉鸭体内70%的镁存在于骨骼中。是多种酶的活化剂，在糖和蛋白质的代谢中起重要作用，能维持神经、肌肉的正常机能。肉鸭缺镁导致过度兴奋而痉挛，食欲下降，生长停滞。

4. 硫　硫在体内主要以有机形式存在，肉鸭羽毛中含量最多。硫是蛋白质代谢中含硫氨基酸的成分，是在脂类代谢中起重要作用的生物素的成分，也是碳水化合物代谢中起重要作用的硫胺素的成分，还是能量代谢中起重要作用的辅酶 A 的成分。当肉鸭日粮中含硫氨基酸不足时，生长停滞，羽毛发育不良。

5. 铁 铁是血红蛋白、肌红蛋白以及多种氧化酶的组成成分，与血液中氧的运输及细胞内生物氧化过程有着密切的关系。缺铁的典型症状是贫血，表现为体重减轻、倦怠无神、黏膜苍白。

6. 铜 铜作为酶的成分在血红素和红细胞的形成过程中起催化作用，与骨的发育、羽毛生长、色素沉着有关。缺铜会发生与缺铁相同的贫血症，并引起骨质脆弱、羽毛褪色等。过量的钼也会造成铜的缺乏症状，故在钼的污染区，应增加铜的补饲。

7. 锌 锌作为肉鸭体多种酶的成分而参与体内营养物质的代谢。缺锌时肉鸭生长受阻，被毛粗乱、脱落，皮炎。

8. 锰 锰是骨骼有机质形成过程中必需的酶的激活剂。缺锰时，这些酶活性降低，导致骨骼发育异常，如滑腱症、骨短粗症、弯腿、脆骨症。据报道，种鸭日粮中锰的含量低于 20 毫克/千克可导致产蛋率和孵化率受到影响，孵化后期胚胎死亡率增加。锰还与胆固醇的合成有关，而胆固醇是性激素的前体，所以缺锰影响正常的繁殖机能。一般日粮锰的推荐量为 50～60 毫克/千克。

9. 硒 硒是谷胱甘肽氧化物酶的成分。和维生素 E 具有相似的抗氧化作用，能防止细胞线粒体的脂类氧化，保护细胞膜不受脂类代谢副产物的破坏，对生长也有刺激作用。缺硒时，可引发肌肉萎缩，鸭渗出性素质病，胰脏变性等。美国推荐鸭饲料中硒的添加量为 0.1 毫克/千克。含量超过 5 毫克/千克将会出现胚胎畸形、羽毛蓬乱、性成熟推迟等中毒症状。

10. 碘 碘是甲状腺素的成分，是调节基础代谢和能量代谢、生长、繁殖不可缺少的物质。缺碘发生代偿性甲状腺增生和肿大，体重下降，胚胎后期死亡。

11. 钴 钴是维生素 B_{12} 的组成成分。日粮中缺钴时，肉鸭生长缓慢、恶性贫血，易发生骨短粗症，孵化率降低。

（六）维生素

维生素是一些结构和功能各不相同的有机化合物，它们既不是构成肉鸭体组织的物质，也不是供能物质，但它们是维持肉鸭正常新陈代谢过程所必需的物质。对肉鸭的健康、生长繁殖有重要作用，是其他营养物质所不能代替的。肉鸭对维生素的需要量虽然很少，但若缺乏将导致代谢障碍，出现相应缺乏症。根据其溶解性，将维生素分为脂溶性维生素和水溶性维生素两大类。脂溶性维生素是一类只溶于脂肪的维生素，包括维生素 A、维生素 D、维生素 E。水溶性维生素是一类能溶于水的维生素，包括 B 族维生素和维生素 C。B 族维生素包括维生素 B_1（硫胺素）、维生素 B_2（核黄素）、泛酸（维生素 B_3）、烟酸（维生素 PP、尼克酸）、维生素 B_6（吡哆醇、吡哆醛、吡哆胺）、生物素、叶酸、维生素 B_{12}（钴胺素）、胆碱等。这些维生素理化性质和生理功能不同，分布相似，常相伴存在。它们以酶的辅酶或辅基的形式参与体内蛋白质和碳水化合物的代谢，对神经系统、消化系统、心脏血管的正常功能起重要作用。

1. 维生素 A 维生素 A 主要来源于动物性饲料，如鱼粉、卵黄、牛奶、血液。植物性饲料中不含维生素 A，只含维生素 A 原-胡萝卜素，在体内可转化为具有活性的维生素 A。维生素 A 的主要商品为维生素 A 醋酸酯和棕榈酸酯。维生素 A 的作用非常广泛，它是构成视觉细胞内感光物质的原料，可以保护视力；维生素 A 与黏多糖的形成有关，具有维护组织健康、增强抗病力的作用；维生素 A 对促进肉鸭生长、维护骨骼正常具有重要作用。长期缺乏维生素 A，幼肉鸭生长缓慢，发育不良；视力减退，夜盲症；上皮细胞过度角化，引起干眼病、肺炎、肠炎，产蛋率和孵化率下降；骨骼发育异常而压迫神经，造成运动失调，出现神经性跛行、痉挛、麻痹和瘫痪等。

2. 维生素 D 植物性饲料和酵母中含有麦角固醇，肉鸭皮肤中含有 7-脱氢胆固醇，经阳光或紫外线照射转化为维生素 D_3。维生素 D 进入体内在肝脏中羟化生成 25-羟维生素 D，运转至肾脏进一步羟化成具有活性的 1，25-二羟维生素 D 而发挥其生理作用。维生素 D 的主要功能是调节钙、磷的代谢，促进钙、磷的吸收与沉积，有助于骨骼的生长。维生素 D 不足，机体钙、磷平衡受破坏，都能导致与钙、磷缺乏类似的骨骼病变。钙和维生素 D 过量也会引起肉鸭的不良反应，如发生软组织有钙的沉积和肾、血管石灰性病变。维生素 D 能在体内合成，而在封闭鸭舍的现代化养殖场，需要由饲料补充。一般放牧肉鸭不易缺乏。

3. 维生素 E 维持肉鸭正常的繁殖所必需。与微量元素硒协同作用，保护细胞膜的完整性，具有对黄曲霉毒素、亚硝基化合物的抗毒作用。肉鸭对维生素 E 缺乏非常敏感。当其不足时，导致脑软化、运动失调、瘫痪，还会造成渗出性素质病，孵化率降低等。一般植物性饲料中含量较多，蛋白质饲料中缺乏维生素 E。

4. 维生素 K 与凝血有关。具有促进和调节肝脏合成凝血酶原的作用，保证血液正常凝固。日粮中维生素 K 缺乏时，全身出血，不易凝固。饲料中添加抗生素、磺胺类药，对维生素 K 有拮抗作用，对维生素 K 的需要量大大增加。青绿饲料和动物饲料含量丰富，籽实、饼粕类饲料含量较少。

5. 维生素 B_1 是构成碳水化合物氧化过程中氧化脱羧酶、丙酮酶体系中的辅酶成分。缺乏时，碳水化合物代谢障碍，中间产物如丙酮酸不能被氧化，积累在血液及组织中，特别是在脑和心肌中，直接影响神经系统、心脏、胃肠和肌肉组织的功能。会出现神经炎，食欲减退，痉挛，运动失调，消化不良，产蛋率下降等。

6. 维生素 B_2 在体内参与能量、蛋白质和脂肪的代谢，具有促进生物氧化的作用。肉鸭对维生素 B_2 缺乏极为敏感，日粮中缺乏时出现生长缓慢，脚趾麻痹并卷曲成拳状，产蛋率下降，种蛋孵化率极低。

7. 泛酸 泛酸是辅酶 A 的成分，是体内能量代谢不可缺少的物质。日粮中泛酸不足时，肉鸭生长缓慢。引起皮炎、脱毛，眼分泌物增加与眼睑黏合在一起，喙角及趾部形成痂皮，产蛋率和孵化率均下降。

8. 胆碱 胆碱与脂肪代谢有密切关系，并作为乙酰胆碱的成分与神经传导有关。缺乏胆碱首先是脂肪代谢障碍，形成脂肪肝，并会发生滑腱症、骨短粗症、贫血、肾出血等。

9. 烟酸 作为维生素并不直接发挥生理作用，而是以其衍生物——尼克酰胺的形式参与代谢，是多种脱氢酶的辅酶的成分，在生物氧化中起传递氢的作用，与维持皮肤、消化器官和神经系统的机能有关。肉鸭日粮中烟酸不足或缺乏时，食欲减退，生长受阻，产蛋鸭的产蛋率和孵化率降低，雏鸭口腔炎症，羽毛生长不良，痂性皮炎，脱毛。

10. 维生素 B_6 包括吡哆醇、吡哆醛和吡哆胺 3 种在体内以磷酸吡哆醛和磷酸吡哆胺的形式作为许多酶的辅酶，参与蛋白质和氨基酸的代谢，并与红细胞形成和内分泌有关。维生素 B_6 缺乏时，肉鸭生长缓慢，发生皮炎，脱毛，神经系统受损，表现为运动失调，严重时痉挛。产蛋减少，孵化率降低。

11. 维生素 B_{12} 是一种含钴的维生素，故又被称为钴胺素，是肉鸭代谢所必需的维生素。它参与体内许多物质的代谢，其中最主要的与叶酸协同参与核酸和蛋白质的合成，促进红细胞的发育和成熟，保护神经系统的正常功能，同时还能提高植物性蛋白质的利用率。维生素 B_{12} 缺乏时，肉鸭生长缓慢，被毛粗乱，贫血，运动失调，产蛋率、种蛋孵化率下降，胚胎在最后 1 周死亡，并可导致胃黏膜发炎，体况下降。

植物性饲料中不含维生素 B_{12}，动物性饲料中如鱼粉、肉粉、肝脏中含量最多。另外，由于肉鸭的粪便中含有一定的维生素 B_{12}，垫草中含量较高，散养的肉鸭不易出现缺乏，只有集约化经营的笼养肉鸭必须从饲料中供给，特别是在饲喂全植物性饲料时。

12. 叶酸 在体内的活动形式为四氢叶酸。以辅酶的形式作为各种一碳基团的载体，参与氨基酸的代谢，促进血细胞的形成。生长期的肉鸭典型的叶酸缺乏症为生长缓慢，羽毛脱色，贫血，骨短粗等。

肉鸭对叶酸的需要主要依靠饲料和微生物的合成。而且数量基本能满足。但长期饲喂治疗剂量的抗生素和磺胺类药物或长期患慢性消化道疾病后有可能出现叶酸缺乏。

13. 维生素 C 在体内参与红细胞间质中胶原的生成及氧化还原反应，刺激肾上腺皮质激素的形成，促进肠道对铁的吸收，并具有解毒作用和抗氧化作用。维生素 C 缺乏时，主要是引起肉鸭坏血病、抗病能力下降。肉鸭体内能合成维生素 C，一般能满足需要。当处于高温季节、生理紧张、运输等应激状态时，体内合成减少，同时需要量也提高。因此，此时在日粮中补加 50～200 毫克/千克维生素 C，有利于缓解应激的影响，提高饲料利用率。

二、肉鸭的营养标准

肉鸭的品种、饲养阶段、饲养管理条件等不同，营养需要就不同，饲料加工方法、应激因素等也会影响营养的需要和消化吸收。在实际生产中应结合育种公司推荐的营养标准，并根据实际情况和饲养效果，适时调整营养标准。以下为肉鸭企业或育种公司推荐的营养标准（表 4-1，表 4-2，表 4-3）供大家参考。

第四章　肉鸭饲料营养知识

表 4-1　北京商品肉鸭参考营养标准

营养成分	0～14 日龄（雏　鸭）	15～35 日龄（中　鸭）	36 日龄至屠宰（肥育鸭）
代谢能(千卡/千克)	3118	3080	3022
粗蛋白质(%)	22	19.5	16～17
代谢能/蛋白质(大卡/千克/%)	142	158	178～189
赖氨酸(%)	1.2	1.1	1.0
蛋氨酸(%)	0.45	0.34	0.27
蛋氨酸＋胱氨酸(%)	0.70	0.60	0.60
钙(%)	1.1	1.0	1.0
总磷(%)	0.80	0.78	0.75
非植酸磷	0.60	0.53	0.40
食盐(%)	0.40	0.40	0.45
锰(毫克/千克)	55	55	55
锌(毫克/千克)	33	33	33
碘(毫克/千克)	0.35	0.37	0.37
硒(毫克/千克)	0.15	0.15	0.15
维生素 A(单位/千克)	5513	5713	5713
维生素 D_3(单位/千克)	882	882	882
维生素 E(单位/千克)	6.62	4.41	4.41
维生素 K(毫克/千克)	1.1	1.1	1.1
维生素 B_2(毫克/千克)	3.31	3.31	3.31
维生素 B_{12}(毫克/千克)	0.00441	0.00441	0.00441
烟酸(毫克/千克)	44.1	33	33
泛酸(毫克/千克)	8.82	6.62	6.62
胆碱(毫克/千克)	1103	1103	1103
生物素(毫克/千克)	0.10	0.10	0.10

表 4-2　樱桃谷 SM3 大型肉种鸭参考营养标准

营养成分	育雏期（0～8 周）	生长期（9～20 周）	产蛋期（20 周后）
代谢能(千卡/千克)	2900	2850	2700
粗蛋白质(%)	20	15.5	19.5
总赖氨酸(%)	1.3	0.7	1.2
可利用赖氨酸(%)	1.1	0.59	1.02
总甲硫氨酸(%)	0.4	0.31	0.39
总甲硫氨酸＋胱氨酸(%)	0.7	0.55	0.68
总苏氨酸(%)	0.9	0.55	0.65
总色氨酸(%)	0.21	0.14	0.21
脂肪(%)	4.0	4.0	4.0
亚油酸(%)	1.0	0.75	1.5
纤维素(%)	4.0	4.5	4.0
钙(最低%)	1.0	0.9	3.75
可利用磷(最低%)	0.5	0.4	0.4
钠(最低%)	0.18	0.18	0.18
钾(最低%)	0.6	0.4	0.6
氯化物(最低%)	0.18	0.14	0.18
胆碱(克/吨)	1500	1500	1500
维生素 A(百万单位/吨)	13.5	10	15
维生素 D_3(百万单位/吨)	3	3	4
维生素 E(克/吨)	100	100	100
维生素 K(克/吨)	10	10	5
维生素 B_1(克/吨)	3	3	5
维生素 B_2(克/吨)	12	10	16
维生素 B_6(克/吨)	4	3	4

续表 4-2

营养成分	育雏期（0～8 周）	生长期（9～20 周）	产蛋期（20 周后）
维生素 B_{12}（毫克/吨）	25	15	25
叶酸（克/吨）	2	2	2.5
泛酸（克/吨）	16	12	20
烟酸（克/吨）	75	75	50
生物素（毫克/吨）	50	25	50
锰（克/吨）	100	80	100
锌（克/吨）	100	80	100
铜（克/吨）	15	15	15
铁（克/吨）	50	50	50
钴（克/吨）	1	1	1
碘（克/吨）	3	2	3
硒（毫克/吨）	250	250	250

表 4-3　樱桃谷 SM3 大型商品肉鸭参考营养标准

营养成分	初始期 1（0～9 日龄）	初始期 2（10～16 日龄）	生长期（17～42 日龄）	最终期 43 日龄至屠宰
代谢能（兆焦/千克）	11.92	12.13	12.13	12.34
粗蛋白质（%）	22.00	20.00	18.50	17.00
总赖氨酸（%）	1.35	1.17	1.00	0.88
可利用赖氨酸（%）	1.15	1.00	0.85	0.75
总甲硫氨酸（%）	0.50	0.47	0.42	0.42
总甲硫氨酸＋胱氨酸（%）	0.90	0.84	0.75	0.70
可利用甲硫氨酸＋胱氨酸（%）	0.80	0.75	0.66	0.66
总苏氨酸（%）	0.90	0.85	0.75	0.75

续表 4-3

营养成分	初始期 1 (0～9 日龄)	初始期 2 (10～16 日龄)	生长期 (17～42 日龄)	最终期 43 日龄至屠宰
总色氨酸(%)	0.23	0.21	0.20	0.19
油脂(脂肪)(%)	4.00	4.00	5.00	4.00
亚油酸(%)	1.00	1.00	0.75	0.75
纤维素(%)	4.00	4.00	4.00	4.00
钙(最低%)	1.00	1.00	1.00	1.00
可利用磷(最低%)	0.50	0.50	0.35	0.32
钠(最低%)	0.20	0.18	0.18	0.18
钾(最低%)	0.60	0.60	0.60	0.60
氯化物(最低%)	0.20	0.18	0.17	0.16
胆碱(克/吨)	1500	1500	1500	1500
维生素 A(百万单位/吨)	13.5	13.5	10	10
维生素 D_3(百万单位/吨)	3	3	3	3
维生素 E(克/吨)	100	100	100	100
维生素 B_1(克/吨)	3	3	3	3
维生素 B_2(克/吨)	12	12	10	10
维生素 B_6(克/吨)	4	4	3	3
维生素 B_{12}(毫克/吨)	25	25	15	15
叶酸(克/吨)	2	2	2	2
生物素(毫克/吨)	250	250	150	150
烟酸(克/吨)	75	75	45	45
泛酸(克/吨)	16	16	12	12
维生素 K_3(克/吨)	10	10	10	10
锰(克/吨)	100	100	80	80
锌(克/吨)	100	100	80	80

续表 4-3

营养成分	初始期 1 (0～9 日龄)	初始期 2 (10～16 日龄)	生长期 (17～42 日龄)	最终期 43 日龄至屠宰
铜(克/吨)	15	15	15	15
铁(克/吨)	50	50	50	50
钴(克/吨)	1	1	1	1
碘(克/吨)	3	3	2	2
硒(毫克/吨)	250	250	250	250

三、肉鸭的常用饲料

鸭的饲料种类很多，按其饲料来源的不同可分为植物性饲料、动物性饲料、矿物质饲料、微量元素饲料、维生素饲料等。按营养特性可分为能量饲料、蛋白质饲料、粗饲料、青绿多汁饲料、矿物质饲料、维生素饲料、添加剂饲料。

(一)植物性饲料

植物性饲料包括籽实类饲料、粮食加工副产品等。

1. 籽实类饲料

(1)玉米　玉米含能量高，含纤维素少，易消化、适口性好并且单位面积产量高。尤其是黄玉米含胡萝卜素和叶黄素多，有利于鸭的生长发育和产蛋。玉米的喂量可占日粮的 35%～65%。玉米与其他谷类比较，钙、磷及 B 族维生素含量较少。主要提供能量，属于能量饲料。

(2)麦类　小麦含能量较高，蛋白质含量也较多，所含氨基酸比其他谷类饲料完善。B 族维生素的含量也比较丰富。小麦的用量可占日粮的 15%～20%。大麦、燕麦比小麦所含能量低，B 族维生素含量高，少量使用可调节营养物质的平衡。大麦和燕麦的皮壳粗硬不易消化,应破碎或发芽后饲喂。大麦发芽后可提高其消化率,增加核黄素的含量。大麦的喂量以占日粮的10%～15%为宜。主要提供能量,属于能量饲料。

(3)豆类　黄豆、黑豆、豌豆、蚕豆等均含有丰富的蛋白质、钙和脂溶性维生素,同时含有一定量的脂肪,它们所含的能量仅次于谷类籽实。但豆类籽实中含有对畜禽有害的毒素,必须经过加热熟化处理后才能作饲料。豆类可占日粮的10%～25%。主要提供蛋白质,属于蛋白质饲料。

(4)其他　如粟、稻谷、高粱等均在养鸭业中广泛应用。粟以黄色的含胡萝卜素稍多。去皮后的碎大米和小米均易消化,是民间育雏鸭的好饲料。粟可占日粮的10%～20%,碎大米和小米可占日粮的20%～50%。高粱中含单宁酸较多,适口性差,饲喂前最好经过浸泡或发芽处理。日粮中高粱的配比以5%～15%为宜,不可多喂。属于能量饲料。

2. 粮食加工副产品

(1)饼粕类　大豆饼粕的蛋白质含量和其营养价值都很高,赖氨酸含量高,是养鸭最好的植物性蛋白质饲料,一般用量为10%～25%。其他饼粕类,如花生饼粕、芝麻饼粕、向日葵饼粕、菜籽饼粕、棉籽饼粕等都是可利用的植物性蛋白质饲料。花生饼粕和芝麻饼粕的蛋氨酸含量较高,可占日粮的5%～10%。菜籽饼粕中含有芥子毒素,用量不宜超过3%。棉籽饼粕中含有棉酚,雏鸭用量不宜超过3%,成鸭用量不宜超过5%。属于蛋白质饲料。

(2)糠麸类　小麦麸含蛋白质、锰和B族维生素较多,但含能量较低,含纤维素高,在日粮中,雏鸭用量为5%～10%,其他鸭为10%～20%。米糠的脂肪含量较高,其他成分与小麦麸相似,并且适口性好,一般日粮用量为5%～15%。其他糠麸类如粟糠、高粱糠、玉米糠等均含纤维素较高,喂量可达10%～15%。属于能量饲料。

(3)糟渣类　酒糟、甜菜渣、酱油渣等都可作为养鸭的饲料,但由于它们的纤维素含量高，用量一般不要超过2%。属于粗饲料。

(二)动物性饲料

动物性饲料包括鱼粉、肉骨粉、羽毛粉、血粉、虾粉和蚕蛹粉等。

1. 鱼粉、肉骨粉　鱼粉的蛋白质含量高达45%～65%，含蛋氨酸、赖氨酸丰富，并含有大量B族维生素和钙、磷等矿物质，是养鸭最优质的蛋白质饲料。但鱼粉价格较高，其用量宜在3%～8%。肉骨粉的品质较鱼粉稍差，雏鸭的用量应不超过5%。肉骨粉易腐败变质，饲喂前要注意检查。

2. 羽毛粉、猪毛粉、血粉　水解羽毛粉和猪毛粉含粗蛋白质近80%，但含蛋氨酸、赖氨酸和组氨酸都较少，应用时要注意氨基酸的平衡。血粉中含蛋白质也较多，赖氨酸含量较高，但异亮氨酸较少，如果与其他动物性饲料共同使用，可补充蛋白质的不足。属于蛋白质饲料。但由于其利用率低，只能占饲料的3%～6%。

3. 其他动物性饲料　河虾、田螺、蚕蛹、各种昆虫、蛆、蚯蚓、肉类加工副产品和非传染病死亡的家畜废弃物等均为蛋白质补充饲料，但必须经过煮熟消毒后才能利用。

(三)矿物质饲料

矿物质饲料主要是补充钙、磷、钠、氯和各种微量元素的饲料。

1. 骨粉、磷酸氢钙　骨粉含钙和磷丰富，用量一般占日粮的1%～2.5%。自制的骨粉要经过消毒才能使用。磷酸氢钙的磷利用率高，但应注意氟的含量，一般不能超过0.18%。雏鸭对氟敏感，氟中毒时出现软脚现象并出现死亡。

2. 贝壳粉　是海产软体动物的外壳经粉碎而成，含钙量达30%以上，可用于补充饲料中钙含量的不足，用量可占日粮的2%～8%。

3. 石粉　纯净的石灰石主要成分是碳酸钙，含钙量可达35%

以上。在利用这种饲料时，必须除去其中所含的氟。一般用量为日粮的2%～8%。

4. 食盐 食盐中钠占40%，氯占60%。食盐有助于消化和防止啄羽。一般用量可占日粮的0.25%～0.4%。对饲喂咸鱼粉的鸭群，应根据鱼粉的含盐量减少饲料中食盐的补充量，以免发生食盐中毒。

5. 微量元素 铁、铜、锰、锌、镁、钴、碘、硒等在一般饲料中都含有，但含量不足，需要另外添加，可采用复合微量元素添加剂。

（四）维生素饲料

鸭场使用复合维生素来补充饲料中的维生素不足，使用时注意添加量和保质期，尤其是种鸭建议使用专用维生素，确保受精率和孵化率。

四、肉鸭的饲料配方

因各地饲料原料有较大差异，各养鸭场在充分考虑饲料成本的基础上尽可能采购全年供应稳定、营养成分变异小的饲料原料。以下是笔者给某养鸭企业提供的饲料配方（表4-4，表4-5），供大家参考。

表4-4 樱桃谷SM3父母代种鸭建议饲料配方 （%）

原料名称	0～4周	5～8周	9～20周	21～24周	25～55周	56～75周
玉 米	55.5	62	62	53	55	55
次 粉	5	5	9	9	—	4
麦 麸	—	3.4	5.5	6.0	—	—
豆 粕	30.5	23.5	19.5	23	30	27.5

续表 4-4

原料名称	0～4 周	5～8 周	9～20 周	21～24 周	25～55 周	56～75 周
秘鲁鱼粉	2	2	—	2	3	3
肉骨粉	2	—	—	—	1	0.75
豆　油	1.2	—	—	—	0.9	0.5
磷酸氢钙	1.7	1.8	1.6	1.4	1.35	1.2
石　粉	0.85	1	1.1	4.4	7.6	6.75
食　盐	0.28	0.3	0.32	0.28	0.28	0.28
预混料	1	1	1	1	1	1
合　计	100	100	100	100	100	100

表 4-5　樱桃谷 SM3 商品肉鸭建议饲料配方　（%）

原料名称	0～21 日龄	22～32 日龄	33 日龄至出栏
玉米(GB2)	49.62	44.68	54.86
小麦(GB2)	10	12	15
棉籽粕(GB2)	5	5	5
花生粕(GB2)	5	5	5
米糠(GB2)	5	8	4.68
大豆粕(CP46%)	19.25	13	4.32
DDGS	—	4	4
玉米蛋白粉(CP50%)	1.5	2	2
猪　油	0.53	2.66	1.62
石　粉	1.27	1.37	1.5
磷酸氢钙	1.84	1.47	1.12

续表 4-5

原料名称	0～21 日龄	22～32 日龄	33 日龄～出栏
赖氨酸(Lys)	0.39	0.28	0.57
食　盐	0.33	0.26	0.26
蛋氨酸(DL-Met)	0.18	0.09	0.08
苏氨酸	0.09	0.06	—
1%预混料	1	1	1
合　计	100	100	100

五、肉鸭饲料的形状

肉鸭的饲料形状有粉料、颗粒破碎料或颗粒料等。粉料最易生产且成本较低。应用颗粒料或颗粒破碎料可显著提高肉鸭的生产性能和减少饲料浪费。使用颗粒料或颗粒破碎料有以下优点：

鸭子摄入饲料(营养物质)较多,因此较容易达到其生产性能要求的营养需要。

颗粒料的加工过程使碳水化合物胶状化,从而可提高饲料的可消化性。

制作颗粒料的生产过程中所产生的热量可杀灭沙门氏菌和其他各种细菌。

颗粒料的使用减少了饲料浪费,从而提高饲料转化率。

建议商品肉鸭 0～10 日龄饲喂颗粒破碎料,10 日龄后饲喂颗粒料。肉种鸭场建议采购专业化饲料公司生产的颗粒配合饲料或用小型颗粒机组自行加工,现配现喂。条件不具备使用粉料时应加强饲养管理,尽量减少饲料浪费。

思考题

1. 肉鸭需要的营养素有哪些？

2. 简述脂溶性维生素和水溶性维生素的种类及作用。

3. 鸭的饲料按其来源不同可分为哪几种？分别列举 2～3 种。

4. 使用颗粒料或颗粒破碎料有哪些优点？

第五章　肉种鸭饲养管理技术

一、肉鸭常用设备与操作技术

(一)喂料设备

用具包括饲料器和饮水器。使用的数量要充足,能满足鸭的需要,使每只鸭都能同时采食和饮水。结构合理、大小适当,应根据鸭的日龄大小及时更换,使之与鸭的大小相匹配,并且尽可能地减少饲料浪费。

1. 料盘　适用于1周龄内雏鸭饲养,面积的大小可根据雏鸭的数量而定。一般为50～80只1个。有圆形、方形等不同形状。圆形直径为35厘米或45厘米。长形的面积为40厘米×60厘米。

2. 料槽　常用的制作材料有硬塑料板、镀锌板或木板。各种材料制作的料槽各有其特点:硬塑料料槽,价廉易于消毒,但使用寿命短;镀锌板料槽,使用寿命长,易消毒,但造价高;木制料槽价廉,制作方便,但不易消毒。常用料槽的规格随鸭的大小不同而有差别:雏鸭料槽底宽5～7厘米,上口宽10厘米,高5～6厘米;中鸭料槽底宽7～8厘米,上口宽15～18厘米,高10～12厘米;大鸭料槽底宽11～12厘米。

3. 料桶　适用于平养。料桶一般为塑料和玻璃钢等材料,有大、中、小多种规格,可供各种日龄的鸭使用。其特点是一次可添加大量饲料,贮存于桶内,减少喂料的次数。要根据饲养要求、体重情况,按标准供料。可根据雏鸭的大小、需要灵活选用,一般每100只鸭配置相应的喂料桶(图5-1)1个。

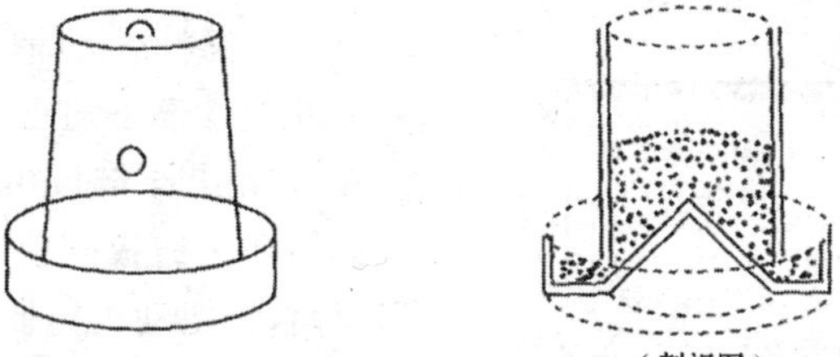

图 5-1　柱形料桶示意

需要注意的是,料桶容量小,供料次数和供料点多,可刺激食欲,以有利于鸭的采食和增重;容量大,可以减少喂料次数和对鸭群的干扰。但由于供料点少,造成采食不均匀,将会影响鸭群的整齐度。

4. 自流式喂料箱　自流式喂料箱分箱体和食槽两部分,可由镀锌板或白铁皮制作,也可用木板钉制。箱的规格为长、宽和高分别为 100 厘米、40 厘米和 60 厘米;箱体两面制成 45° 的倾斜度,箱底与食槽间留 2～3 厘米的落料缝隙,以便饲料随鸭的采食而自动落入食槽。箱体两边的饲槽宽 10～15 厘米,槽边高度应高于箱体下部出料的缝口 3～5 厘米,以防止饲料散出槽外,减少浪费。每箱可容纳混合全价颗粒饲料 150 千克,每 500 只鸭应配置 1 个喂料箱。这种喂料箱(图 5-2)适用于自由采食的中、大鸭。

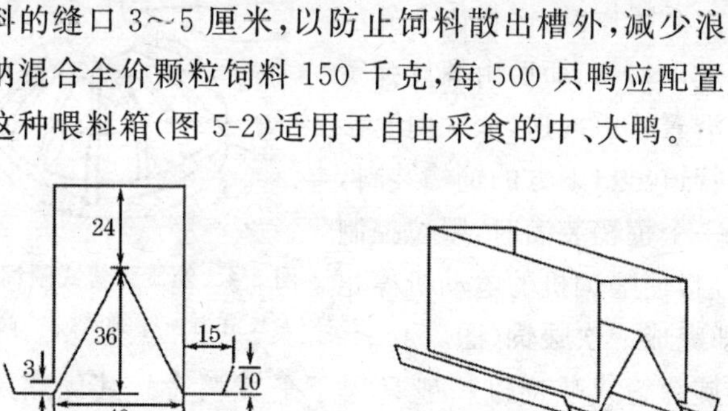

图 5-2　自流式喂料箱示意

5. 链板式喂饲机 主要是由驱动机构、链板、长饲槽、转角轮、料箱、饲料清洁筛、饲槽支架等组成。该设备的主要部件是链板，它由若干链板相连而构成一封闭环。链板的前缘是一铲形斜面，当驱动机构带动链板沿饲槽和料斗构成的环路移动时，铲形斜面就将料斗内的饲料推送到整个长饲槽，鸭就在带链板的饲槽内采食(图 5-3)。

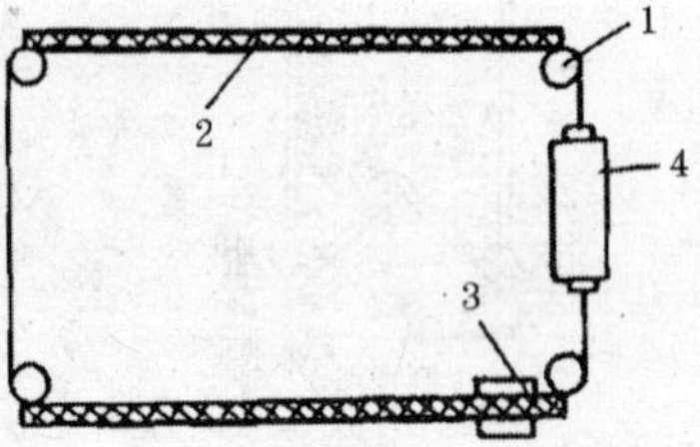

图 5-3 链板式喂饲机示意

1. 转角启动齿轮 2. 食槽 3. 清洁器 4. 驱动机及料箱

据运行速度可分为高速链式喂饲机(18～24 米/分钟)和低速链式喂饲机(7～13 米/分钟)，在链片节距上又分为 42 毫米和 50 毫米 2 种。在平养鸭舍中，根据不同的跨度也可采用单线或双线的不同形式。链板式喂饲机的优点是结构简单、工作可靠。缺点是饲料易被污染和产生粉料。

6. 螺旋弹簧式喂饲机 由料箱、盘筒形饲槽以及螺旋弹簧的输料管组成。工作时，饲料由舍外的贮料塔送入料箱，而后由螺旋弹簧将饲料沿着管道推送，依次向套接在输料管道出口下方的饲槽装料，当最后一个饲槽装满时，限位控制开关开启，使喂饲机的电动机停止转动，即完成一次喂饲(图 5-4)。

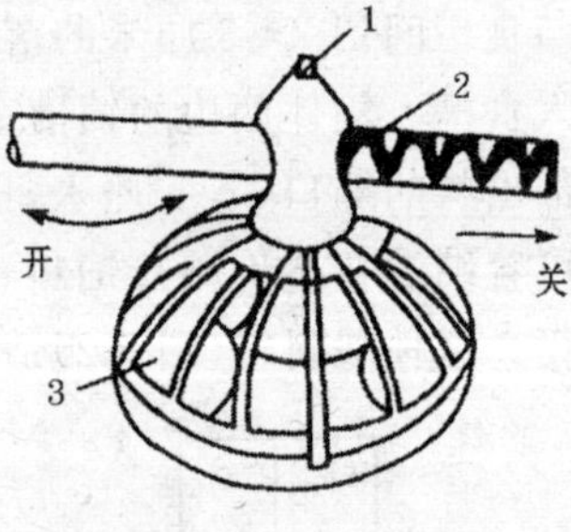

图 5-4 螺旋弹簧式喂饲机示意

1. 吊挂 2. 弹簧 3. 筒饲盘

螺旋弹簧式喂饲机一般只用于平养鸭舍。其优点是结构简单，便于自动化操作和防止饲料被污染。

7. 索盘式喂饲机 主要由驱动机构、索盘、输料管、料斗、转角轮和盘筒式饲槽组成。索盘是该设备的主要部件，它由一根直径5～6毫米的钢丝绳和若干个塑料塞盘组成，塞盘采用低温注塑的方法50～100毫米等距离地固定在钢丝绳上。工作时由驱动机构带动索盘，索盘通过料斗时将饲料带出，沿输料管输送，再由斜管送入盘筒式饲槽，管中多余饲料由回料管进入料斗。

索盘式喂饲机的优点是饲料在封闭的管道中运送，不浪费饲料，清洁卫生；工作时平稳无声，不惊扰鸭群；可进行不同角度的送料操作，如水平、垂直与倾斜输送；运送距离长，可达300～500米。缺点是当钢索折断时，修复困难，因而要求钢索有较高的强度。

(二)饮水设备

饮水器应保证鸭只随时都可饮到充足的清洁水，应渗漏少，蒸发面积小，以有利于控制鸭舍内的湿度，避免疾病传播，同时能减少水的消耗。目前，生产中常使用的饮水器如下。

1. 槽式饮水器　用水槽供水在我国应用广泛，因其结构简单，可直接由自来水龙头供水(图5-5)。规格是槽深5～6厘米，宽5～10厘米，长度根据需要而定。一般用长流水式供水。即水槽上水端的水龙头调节成稳定的小流量，排水端有溢水孔控制水面的高度。在水槽底部设有排水孔，便于清洗水槽，排除污水。另一种供水方式是利用浮球阀自动供水，即在水槽的进水端设一水箱，内装有浮球阀，使水箱里的水与水槽相通，并保持一定水位，当槽内水量减少、水位下降时，浮球阀亦随之下降而自动供水。

图5-5　常流水槽式饮水器

优点是结构简单，不需附加其他装置，造价低；供水可靠，便于直接观察。缺点是水量浪费大，易造成水质污染，增加疾病的传染机会，对防疫不利。因此，使用水槽式饮水器应定期清洗消毒。

2. 真空式饮水器 多采用聚乙烯塑料制成，结构简单，由水盘和饮水器2部分组成。饮水盘上开1个出水孔，水从出水孔流出，直到将孔淹没为止，水停止流出。当盘内水位下降低于出水孔时，外界空气重从出水孔进入水罐，使水罐内的真空度下降，水又自动流出，直到再次将孔淹没为止。这样饮水盘中始终能保持一定的水位（图5-6）。

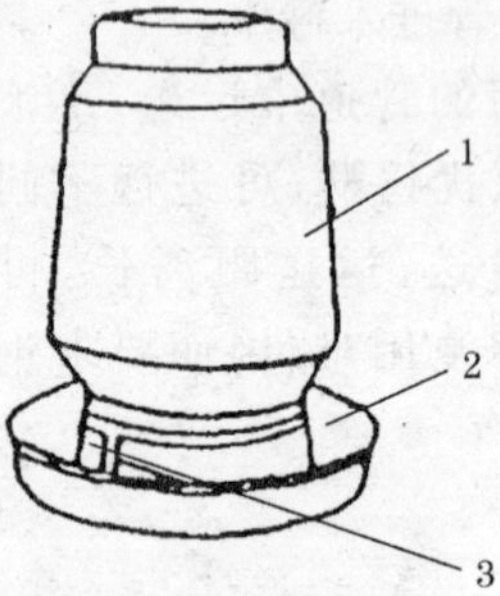

图5-6 真空式饮水器

1. 水罐 2. 饮水盘 3. 出水口

此种饮水器的容量1～3升。盘的直径为160～220毫米，槽深25～30毫米。可供70～100只鸭饮用。此种饮水器广泛适宜于平养和笼养头1周的雏鸭。

3. 吊塔式饮水器 吊塔式饮水器的工作水压有低压和高压2种。低压为0.7千克/平方厘米左右，应与减水阀或水箱连用；高压饮水器可直接与自来水管相连（图5-7）。

工作水压0.2～1.2千克/平方厘米。饮水盘直径260毫米，饮水盘高度53毫米。饮水盘容水量为1升。可供50～80只鸭使用。在悬挂饮水器时，水盘环形槽的槽口平面应与鸭的背部等高或略高。此种饮水器能自动保持饮水盘中有一定的水量，主要用于平养鸭舍。

图5-7 吊塔式饮水器

4. 乳头饮水器 乳头饮水器其端部有乳头状阀杆。在近几年的发展中，乳头饮水器有了很大的改进，由原来的两层密封发展为3层密封，乳头漏水现象大为减少，有利于鸭舍内地面的干燥，使舍内环境得到很大改善(图5-8)。

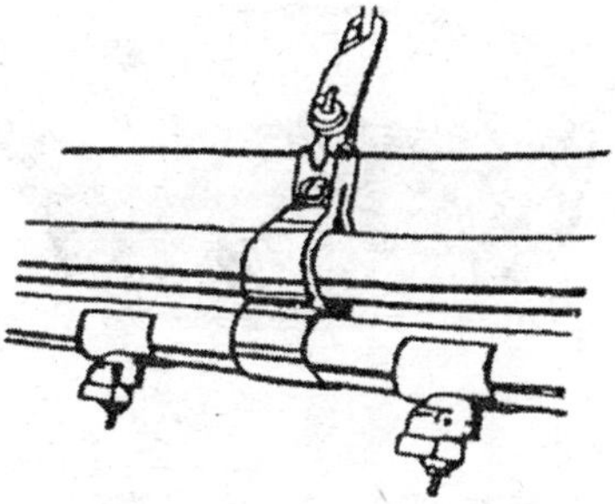

图5-8　乳头饮水器

由于全密封式水线确保了供水的新鲜、清洁，杜绝了外界污染，有效地防止疫病的传播，极大地降低了疾病的发生率。同时大大减少了用水量，用水量仅为水槽用水的1/10～1/8。饲养者的劳动强度也大为减轻。

使用时应注意的问题：饮水中不能含有杂质。使用前要清洗水箱、供水管、乳头饮水器，以防杂质堵塞而造成滴漏不止。安装高度要适宜，高度应使鸭自然抬头即可触及乳头为宜。严防过低，以免被鸭体碰触而造成滴水现象；经常检查有否滴漏水现象。遇到有滴水时，可用手指反复按压活塞乳头，排除积物，检查部件。对无法修复、滴漏不止的要及时更换。

(三)常用管理用具

1. 竹围　用毛竹篾编织而成，用作围鸭用(图5-9)。长15～20米，高0.6～0.7米。鸭子大多群养，抓鸭时群体过大极易造

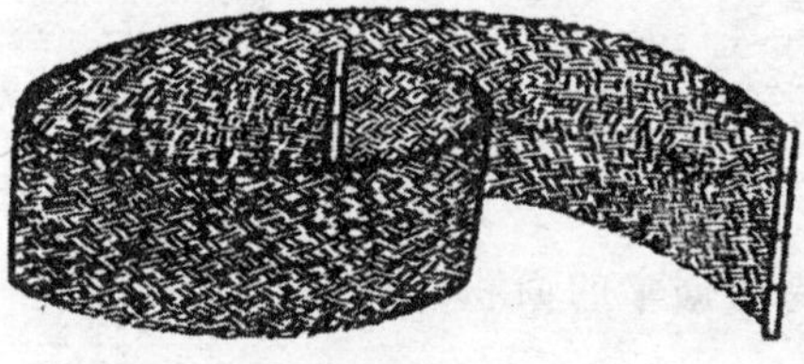

图5-9　竹　围

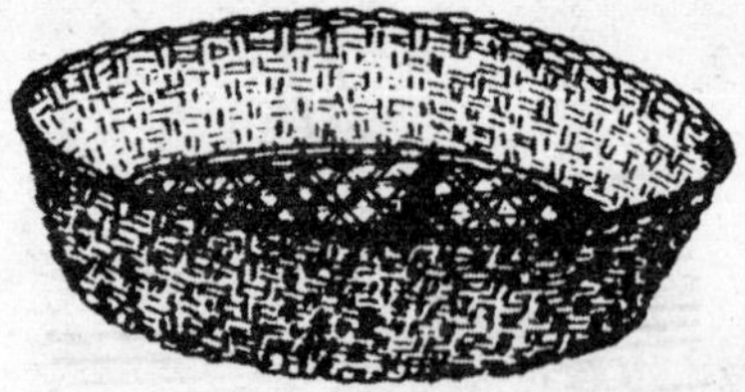

图 5-10　鸭　篮

成应激，一般用围条围成若干小群。1 000 只雏鸭需要围条 4～5 张。

2. 鸭篓(鸭篮)　用毛竹蔑编制而成，圆形。直径 70～80 厘米，边高 25～30 厘米(图 5-10)，可用于装运雏鸭，也可用于饲养小鸭。1 000 只雏鸭需要 30～40 只鸭篮。

(四)取暖供热设备

供暖的方式可分为分散式(如电热保温伞、煤炉等)和集中式(如火炕、热风炉等)2 种。在生产中应根据实际情况，选用最经济、最实用、操作最简便的供暖方式。现介绍如下。

1. 电热保温伞供暖　电热保温伞由电源和伞部组成，其工作原理是利用伞部的反射，将电源发出的热量集中反射到地面。通过温度控制系统(控温仪、电子继电器和水银感温导电表等)，使温度保持在适宜的范围内，为雏鸭提供一个适宜的环境温度(图 5-11)。

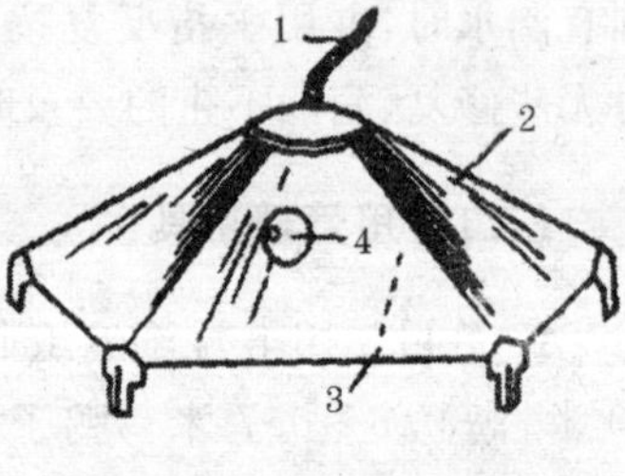

图 5-11　电热保护伞

1. 电源线　2. 保温伞　3. 电热丝　4. 调节器

保温伞部边缘离地面的高度，随着鸭日龄增加和季节不同而逐渐提高灯泡高度或逐渐减少灯泡数量，以逐渐降低温度。炎热的夏季离地面 40～50 厘米，寒冷的冬季离地面为 20～35 厘米。伞下所容雏鸭数，要根据伞的面积和高度而定，一般可容雏鸭 200～300 只。

电热保温伞育雏的优点是清洁卫生，雏鸭可在伞下自由活动寻找最适宜的温度区域。若在舍温低的环境下单独使用电热保温伞育雏，效果并不佳，耗电多且舍温难以控制。适用于供电正常的地区。

2. 烟道供暖　分地上烟道和地下烟道2种。烟道建在育雏舍内。一端砌有炉灶，用煤或农作物秸秆作燃料；另一端砌有烟囱，烟囱高出屋顶1米以上。通过烟道把炉灶和烟囱连接起来，利用烟道散热提高舍温。地上式是把烟道砌在地面上，为便于操作和消毒可设计成地炕式，一般用于地下水位较高的地区。

此种供热方式优点是散热慢，保温时间长，耗燃料少，地面和垫料暖和干燥，符合雏鸭伏卧地面休息的习性，育雏效果较好。适于小型鸭场和农户饲养。

3. 煤炉供暖　这是我国广大农村，特别是北方群众常用的供暖方式。可用铸铁或铁皮火炉，燃料用煤块、煤球或煤饼均可，用管道将煤烟排出舍外，以免舍内有害气体积聚。保温良好的房舍，20～30平方米设1个煤炉即可。

此法适合于各种育雏方式，但若管理不善，舍内空气中烟雾、粉尘较多，在冬季易诱发呼吸道疾病。因此，应注意适当通风，防止煤气中毒。

4. 锅炉供暖　分气暖型和水暖型2种。气暖型管网以气进行热交换，升温快，鸭舍内空气较干燥，降温也快。水暖型主要以热水经过管网进行热交换，升温缓慢，但保温时间长，鸭舍内温、湿度适宜，操作安全。育雏舍供温以水暖型为宜，如网上平养，供暖系统可设置在网下，热空气上升，正适合雏鸭需要，此法适于较大规模的养鸭场。

5. 热风炉供暖　是集中式采暖的一种方式，可采用一个集中的热源（锅炉房或其他热源），将蒸汽或预热后的空气通过管道输送到舍内，空气温度可以自动控制。

目前采暖基本上采取常规方法，但这些方法普遍存在设备费用高,受热不均,与通风系统不能良好地协调,使保温和通风产生矛盾。有些鸭场为了保温而减少通风量,致使呼吸道疾病的发生率上升。近年来,为了解决保温与通风的矛盾,通风供暖设备的研制有了新的进展,热风炉、暖风机的使用使这一矛盾得到了很好的解决。热风散入舍内,使舍温升高,热气清洁,适合育雏保暖。

鸭舍采用热风炉采暖,应根据饲养规模确定不同型号的供暖设备。如210兆焦热风炉供暖面积可达500平方米,420兆焦热风炉可供暖面积达800～1000平方米。此法适于较大规模的养鸭场。

(五)通风设备

1. 通风换气的原则 确定合理的通风换气量是进行鸭舍通风换气的最基本的依据,在实际生产中,夏季可采用最大通风量,尽可能排除热能,降低舍温;冬季可采用最小通风量,通风系统尽可能多地排除产生的水汽及有害气体,而且尽可能少地带走热能。这是设计通风所必须注意的问题。

通风换气的原则:维持适中的舍内温度,通风前后不会发生剧烈变化;排除舍内过多的水汽,使空气中的相对湿度保持在适宜状态,防止水汽在物体表面凝结;要求舍内气流均匀,不形成贼风、死角;减少舍内空气中的灰尘、微生物及有害气体和恶臭。因此,根据具体情况制定出适宜的通风方式,以达到维持舍内良好的小气候环境,为鸭的生长、发育创造一个适宜的生存空间。

2. 通风换气的方式

(1)自然通风 是指不需要机械设备,借助自然的风压和热压,产生空气流动,通过鸭舍外围护结构空隙所形成的空气交换。自然通风可分为无管道和有管道2种形式。无管道自然通风是靠门、窗进行通风换气。它仅适用于温暖地区或寒冷地区的温暖季节。而在寒冷地区的封闭舍中，为保温须将门、窗紧闭，要靠专门通风管道进行换气。

(2)机械通风　由于自然通风受诸多因素的影响，特别是气候与天气条件的制约，不可能保证封闭式鸭舍经常的充分换气。因此，为建立良好的鸭舍环境，以保证鸭健康及生产力的充分发挥，在高密度饲养的鸭舍中应实行机械通风。按风机类型可分为负压、正压和联合通风 3 种形式。而按通风时气流方式又可分为纵向通风和横向通风 2 种类型。

①正压通风　又称进气式通风或送风。是指通过风机将舍外新鲜空气强制送入舍内，使舍内压力增高，舍内污浊空气通过风口或风管自然排出的换气方式。优点在于对送入的空气预先进行加热、冷却及过滤等处理，有效地保证舍内适宜的温度、湿度和清洁空气。在严寒、酷热地区均适用。但这种通风方式比较复杂，造价高，管理费用也大，适合高密度工厂化饲养，尤其是全重叠多层笼养鸭舍。

②负压通风　又称排风式通风或排风。是指利用风机抽出舍内污浊空气。由于舍内空气被抽出，变成空气稀薄的空间，压力相对小于舍外，新鲜空气通过进气口或进风管流入舍内而形成舍内外空气交换。因为比较简单，投资少，管理费用也较低，成为广泛应用于封闭舍的通风方式。

③联合式通风　是一种同时采用机械送风和机械排风的方式。在大型封闭舍，特别是无窗鸭舍中，仅靠机械排风或机械送风，往往达不到应有的换气效果，需要采用联合式通风形式。此种通风方式虽然有利于对空气预热、冷却和过滤，但是通风方式比较复杂，造价高，管理费用也大。

④横向通风　风机和进风口分别均匀地布置在鸭舍两侧墙上，空气从进风口进入后横穿鸭舍再由对侧墙上的排风扇抽出。横向通风方式的鸭舍在通风时舍内气流速度小，空气流动不均匀，

死角多，降温效果差，空气不够清新，而且易造成鸭舍间疾病的相互交叉传染，因而在现代规模化养鸭生产中很少使用。

⑤纵向通风　是在通风时，气流顺禽舍长轴流动的一种有效的通风方式。其特点是舍内气流速度大，平稳无死角；降温效果好，避免了鸭舍间疾病的相互交叉传染；改善了生产区内的空气环境，保证了空气清新。同时，采用低压大流量节能型轴流式风机，可大大减少风机的安装台数，且运行效果更高，省电，噪音低。生产上多采用纵向负压通风。

3. 通风的主要设备　鸭舍通风所用设备主要是轴流和离心风机2种类型。

(1)轴流式风机　风机主要由外壳、叶片和电机组成，叶片直接安装在电机的转轴上。风机的结构和外形参见图5-12。

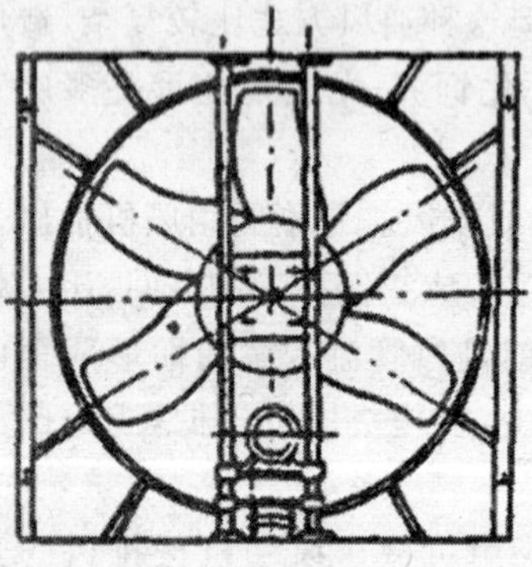

图5-12　轴流式风机外形示意

轴流式风机在工作时，风向与轴平行，叶片可以逆转，以改变输送气流的方向，而风量和风压不变。因此，既可用于送风，也可用于排风。该种类型的风机具有结构简单、风量大、噪声低、耗能少、安装维修方便、运行可靠等特点。在鸭舍的通风换气过程中，多用于负压通风。

(2)离心式风机　风机主要由蜗牛形外壳、工作轮和机座组成(图5-13)。离心式风机工作时，空气从进风口进入风机，旋转的带叶片工作轮形成离心力将其压入外壳，而后再沿着外壳经出风口送入通风管道中。该种类型的风机不具逆转性，产生的压力较大。在鸭舍的通风换气过程中，多用于正压通风，即多用于输送热风和冷风。

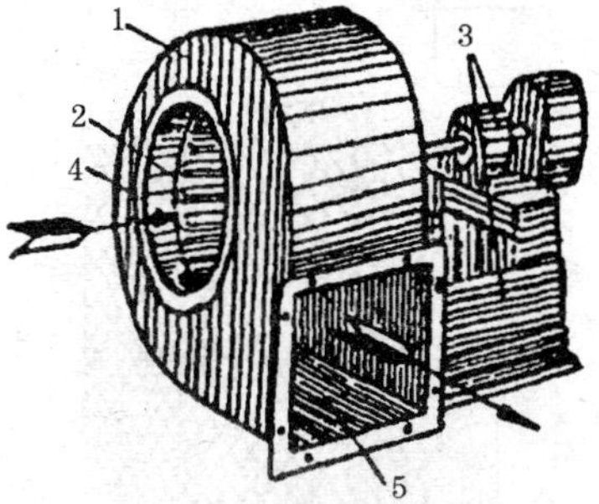

图 5-13 离心式风机外形示意

1. 外壳 2. 工作轮 3. 机座 4. 进风口 5. 出风口

(六)降温设备

鸭舍常用的降温设备有湿帘(或湿垫)风机降温系统、低压喷雾降温系统等。

1. 湿帘(或湿垫)风机降温系统 该系统由湿帘(或湿垫)、风机、循环水路与控制装置等组成,湿帘又称蒸发垫。根据制作的材料不同主要有白杨木蒸发垫、甘蔗渣蒸发垫、猪鬃蒸发垫和纸板波纹沟槽蒸发垫等(图 5-14)。

目前国内使用比较多的是纸质湿帘。它具有设备简单、使用寿命长、降温效果好、安装方便、便于维护及运行经济等特点,波纹状纤维纸制作的湿帘大约可用 5 年。

湿帘—风机降温系统降温的原理是鸭舍外的空气被风机吸入,热空气通过多孔的湿帘迅速进入舍内。由于湿帘上的水分蒸发而吸收空气的热量,致使进入鸭舍的热空气变凉,从而达到降低舍温的目的。湿帘降温效果的大小,同空气温度和相对湿度有关。因此,比较适合高温干燥地区(图 5-15)。

湿垫—降温系统的布置主要有(A)、(B)、(C)和(D)4 种方式

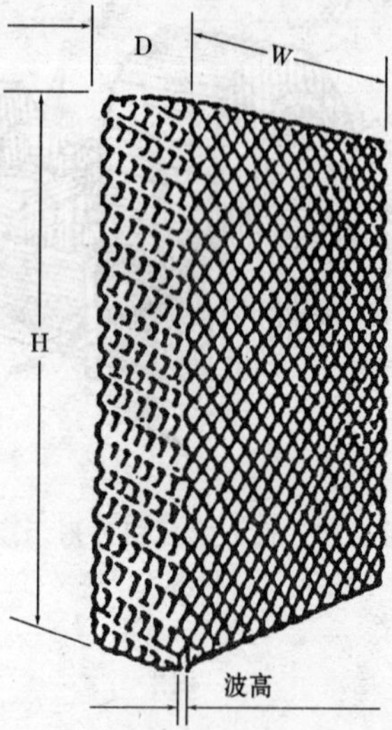

图 5-14　纸板波纹沟槽式蒸发垫示意

H. 垫长　W. 垫宽　D. 垫厚

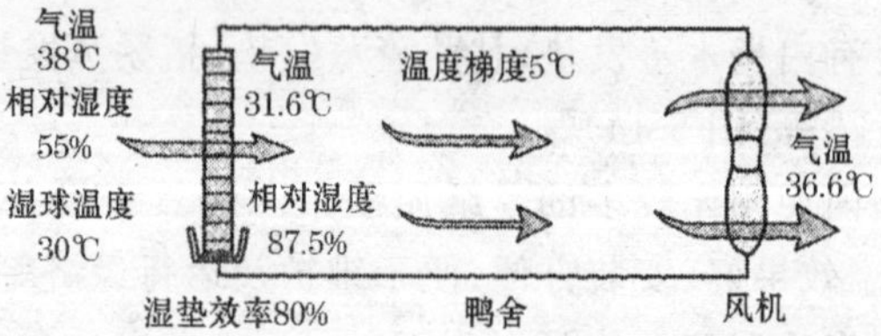

图 5-15　湿帘—风机系统降温示意

(图 5-16)。在 4 种布置方式中,以(A)型纵向通风布置为好,一端山墙设风机,对端山墙设置湿垫。当一端设有工作间而不能在山墙上布置湿垫时,可采用(B)型。当鸭舍长度超过 100 米时,为减少阻力损失,或进出口温差超过 3℃以上而不能满足生产要求时，可采用(C)型。在某些特殊需要的情况下，实行纵向通风受到限制时，可考虑(D)型设置方式。但采用横向通风往往效果较差，不能有效地进行通风。因此，实际生产中较少采用此种通风方式。

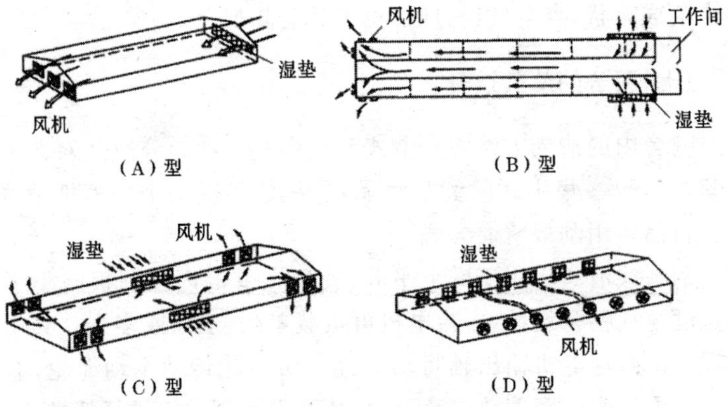

图 5-16　湿垫—风机降温系统布置

使用湿垫—风机降温系统注意的问题：湿垫是整个冷却系统的关键，每干、湿一次对其使用年限就会有所损害。因此，不可昼夜连续使用，应只在炎热的时间内使用，最好是在每天鸭舍温度要升高之前开始使用，这样可保持舍内一直处于凉爽状态。风机不停止地转动，以保持通风良好；为防湿垫中藻类生长和堵塞，在每升水中可添加 0.2～0.5 毫克硫酸铜，同时每晚要使湿垫彻底干燥 1 次；控制循环水的水质，保持清洁，防止沙粒、油污、羽毛等的堵塞。

2. 低压喷雾降温系统　常用的喷雾降温系统主要由喷头、水泵、水箱、过滤器、管路和控制装置组成，喷嘴安装在舍内，用高压水泵通过喷头将水喷成直径小于 100 微米雾滴，雾滴在空气中迅速汽化，借助汽化吸热效应达到机体散热和降温的作用。采取喷雾降温时，水温愈低、空气愈干燥，降温效果则愈好。

采用此种降温方法时喷雾能使空气湿度提高，在湿热天气不宜使用。否则，不但起不到应有的降温效果，反而更加重了炎热的程度。且鸭舍雾化不全时，易淋湿羽毛影响生产性能。

3. 喷雾—风机系统 在进风口处设置高压喷嘴风罩，将低温的水喷成雾状，当空气经过时，温度就会降低。

（七）鸭舍的清粪设备

鸭舍内的清粪方法有分散式和集中式 2 种。分散式除粪每日清粪 2～3 次，集中式除粪是每隔数天、数月或一个饲养期清粪 1 次。目前多用刮板清粪方式。

刮板式清粪机用于网上平养，安置在粪沟内。刮板略小于粪沟宽度。视鸭舍设计，一台电机可负载单列、双列或多列。其工作原理是由减速电机输出轴将动力经一级链轮传动主动绳轮，靠牵引绳与绳轮间的摩擦获得牵引力，从而带动刮粪板进行清粪工作。牵引机所能发挥的牵引力由安全离合器总成调整，并在牵引负荷超过安全值时起保护作用。当牵引绳张紧力下降、牵引绳打滑时，电气保护系统立即起作用停机。每开动 1 次，刮板作 1 次往返移动。清粪时刮粪板自动落下，向前移动将鸭粪刮到鸭舍一端的横向粪沟内。返回时，刮板上抬空行。牵引绳的张紧力由张紧机构调整，牵引绳上的鸭粪由清洁器、限位清洁器清除。刮粪板往复行程由限位清洁器上的行程开关控制。

此清粪机的优点是：机具结构简单，安装、调试和日常维修保养方便；机具工作噪声小、消耗功率小、清粪效果好，清粪清洁度达 97.3%；机具工作可靠，涂塑钢丝绳耐腐蚀性强，使用效果好。缺点是要求粪池底面平滑，不得有凹凸不平现象；行程开关离刮粪板近，易受粪便影响而失灵。

二、种雏鸭饲养管理

肉用种鸭的价值在于其繁殖性能的高低。种鸭的繁殖性能主要包括种母鸭产蛋量、产蛋质量、种蛋受精率、种蛋孵化率、雏鸭健雏率以及种公鸭的交配力、精液品质等。繁殖性能的高低取决于遗传性能和饲养管理两个基本因素，种鸭的饲养管理是最重要的一个因素。科学的饲养管理能使其充分发挥其遗传潜力，获得最佳的繁殖性能。种鸭的育雏应比肉用商品鸭育雏更加精心些，种鸭的育雏最好在春季。育成期种鸭的体重控制是最重要的，需要做好科学的饲养管理，并给种鸭创造良好的环境条件，尽量减少应激，培育健康无病、具有优良繁殖体况、发育整齐一致、体重符合标准的高产种鸭群并充分发挥种鸭最佳的繁殖性能。

（一）雏鸭生理特点

刚出壳的雏鸭绒毛稀短，神经发育不健全，体温调节能力差，既怕冷又怕热，对温度要求高；雏鸭的食管膨大部贮存饲料的容积很小，消化器官还没有经过饲料的刺激和锻炼，肌胃的肌肉也不坚实，磨碎饲料的功能还不强，消化机能尚未健全，因此饲养雏鸭时要供给易于消化的饲料；雏鸭的生长速度快，尤其是肌肉、骨骼的生长，饲养雏鸭时一定要供应营养丰富而全价的饲料。

（二）雏鸭饲养管理的任务

通过加强雏鸭的饲养管理，增强雏鸭机体抵抗力，提高育雏率及鸭群的整齐度，为成年后充分发挥其生产性能打下良好的基础。

（三）种雏鸭的选择

1. 品种纯正　进种雏鸭前要详细了解雏鸭的来源、代次，选择信誉良好的种鸭场引种，来源不明的种鸭雏不能买。有的企业或个人用商品代充当父母代种雏出售，这样的种鸭生长不整齐、生产性能低，后代生长缓慢，产肉性能低下，给广大养鸭户带来很大的经济损失。

2. 种源健康无病 引种前不仅要了解种鸭场的种鸭免疫、用药、疾病净化等饲养管理情况，还要了解其所在区域的疫病流行情况，如有疫病正在发生则不宜从该地引种。

3. 健康雏鸭的挑选

(1)毛色正常 健康雏鸭全身绒毛金黄色，色泽均匀。

(2)精神状态健康 健康雏鸭眼睛明亮，活泼好动，对声音反应敏感。

(3)脐部吸收良好 健康雏腹部吸收良好，手感柔软有弹性；弱雏腹部吸收不好，腹大有钉脐。

(4)运动协调，站立稳重

(四)接雏前的准备工作

育雏是一项艰苦而又细致的工作，是决定养鸭成败的关键。因此，必须在育雏前做好充分准备。

1. 房舍、物料准备 做好房屋、设备检修，准备充足的采食、饮水等育雏用具及饲料、药品等。采用地面饲养时，还应准备足够干燥、清洁的垫料。

2. 对育雏舍和使用的器具进行全面彻底地清洗和消毒

(1)网床清洗与消毒 将网床和使用的器具及地面清洗干净，与鸭直接接触的网床、器具要用氯制剂等腐蚀性小的消毒药消毒，地面用3%～5%热烧碱水溶液泼洒消毒。

(2)地面清洗与消毒 首先将育雏室地面上的粪便、垫料彻底清除干净，不留死角，然后用高压水彻底冲刷地面，料槽、水槽移出舍外刷洗干净，空舍2～3天通风干燥。干燥后用3%～5%烧碱溶液喷洒屋顶、墙壁、地面，再用清水冲洗干净，同时用氯制剂消毒喂料和饮水器具。最后，铺上垫料，摆放好育雏用具。进行熏蒸消毒。

(3)门窗和通风孔熏蒸消毒　将门窗、通风孔封闭严密，按每立方米空间用21克高锰酸钾、42毫升福尔马林，封闭熏蒸24小时，开窗通风1～2天。

3. 育雏舍升温　雏鸭到达前，提前12小时使育雏舍温度达到30℃～32℃。

4. 备足饮水　雏鸭到达前，提前2小时将饮水放入舍内地面或床面上升温，同时在饮水中加入3%葡萄糖水或水溶性电解质多维，起到补充体液、增强体质、减少应激等作用。

(五)雏鸭饲养管理

1. 饮　水

(1)先饮水后开食　先饮水有利于促进雏鸭胎粪排出、增进食欲，有利于防止雏鸭脱水和促进腹内卵黄吸收。雏鸭出壳后应在12～24小时内“开水”，运输路途较远的，待雏鸭到达育雏舍休息半小时左右再供给饮水让其饮用，并且要适当控制饮水量，少饮多次，饮水2～3小时后方可开食。

(2)保证充足、清洁的饮水　饮水器具要每天清洗消毒，保证饮水清洁卫生，充足不断水；进雏1周内最好饮用温开水。

(3)饮水器具的选择　饮水器具一般选择真空式、普拉松式、水槽式等。真空式饮水器耗费人力，卫生较差，育雏前期多用。普拉松式饮水器节约水，省人力，舍内湿度小；但不便于刷洗，卫生较差。水槽式饮水器浪费水，湿度大；刷洗方便，较卫生。

(4)控制饮水水位　饮水器具水位1.5～2厘米深，如过深雏鸭进入后会造成湿毛而受寒感冒。

(5)调教饮水　饮水器注满温开水后让其自由饮用，可用手敲打饮水器边缘，引导雏鸭饮水；也可将个别雏鸭的喙尖浸入水中，让其饮到水。要保证每只雏鸭都能及时喝上水，提高育雏率。

2. 喂　料

(1)雏鸭的饲料　要求易消化，营养全面。饲料营养缺乏时，绒毛无光泽，生长发育缓慢，抵抗力下降，容易发生代谢病和继发其他条件性疾病。

(2)饲喂方法　将饲料均匀撒在开食盘、油布或深色塑料布上，边撒边吆喝，调教采食。饮水槽放在食盆旁边，便于边吃料边饮水。随着雏鸭长大，应将水槽和料槽的距离加大，可以节约饲料并减少对饮水的污染。对不会自行采食的弱雏，要耐心引诱采食，保证每只雏鸭都能吃到饲料，吃饱但不吃得过头。喂料时不能饥一顿饱一顿，使消化功能紊乱，造成消化不良；饲料要少喂勤添，随吃随添。3天以后，可改用食槽或料桶饲喂，这样既可以节约饲料，又防止鸭粪污染饲料。

(3)饲喂次数　雏鸭0～3日龄采用料盘，内常备饲料；4～7日龄间每2小时喂料1次；8～14日龄间每3小时喂料1次；15～21日龄间每4小时喂料1次。

3. 保持好温度　育雏舍适宜、平稳的温度环境是保证雏鸭健康生长和高成活率的关键。

(1)温度对雏鸭的影响　温度适宜时，雏鸭饮水、采食、休息等活动正常，行动灵活，反应敏捷，分布均匀，不扎堆，生长发育快。温度偏低时，雏鸭趋向热源，相互挤压扎堆，活动减少，饮水、采食量下降，容易产生腹泻及发生呼吸道病，也易造成挤压伤亡，代谢受阻，生长速度缓慢。此情况下应轰赶鸭群让其运动，不让雏鸭扎堆，并及时升高舍温。温度偏高时，雏鸭烦躁不安，远离热源，食欲降低，渴欲增加，正常代谢受到影响，抗病力下降。此时应降低室温，加强通风，但要避免穿堂风(前后窗户、通风孔不要对着开)。

(2)温度控制　随着雏鸭的长大，对环境温度有了一定的适应能力，要进行逐步降温。育雏温度要前高后低。降温时要逐渐降低，温度不能忽高忽低、温差过大，否则容易感冒。适宜育雏的温度控制建议如下：1～7 日龄 31℃～28℃；8～14 日龄 28℃～22℃；15～21 日龄 22℃～19℃。高温育雏温度控制建议如下：肉用型雏鸭育雏温度比蛋用型雏鸭要求高，施温程序为 1 日龄 35℃，2 日龄 34℃，3 日龄 33℃，4～7 日龄 32℃～30℃，第二周 29℃～26℃，第三周 25℃～21℃，4 周后以 20℃～15℃为宜。

4. 控制好湿度　雏鸭出雏后，在干燥的育雏室内存放并经过运输等应激，雏鸭体内的水分将会大量损失，失水严重将会影响卵黄物质的吸收，影响健康和生长发育。因此，育雏初期育雏舍内需要保持较高的相对湿度（达 60%～70%）。随着雏鸭日龄的增加，体重增长，采食、饮水增多，呼吸量加大，排泄量增大，此时应尽量降低育雏舍的相对湿度（50%～55%），以减少疾病的发生。避免高温高湿或低温高湿的养殖环境。

5. 合理的饲养密度　饲养密度应根据雏鸭的日龄、季节和环境条件等灵活掌握。密度过大，鸭群拥挤，干扰活动，采食、饮水不均，影响生长发育，鸭群的整齐度差，且易造成大肠杆菌、传染性浆膜炎等疾病的传播，死淘率增高。密度过小，不易于温度供给，房舍设备利用率低，生产成本较高。建议饲养密度如下：

网上饲养：1 周龄 40～50 只/米^2；2 周龄 20～25 只/米^2；3 周龄 10～15 只/米^2。

地面平养：1 周龄 20～25 只/米^2；2 周龄 10～15 只/米^2；3 周龄 6～10 只/米^2。

6. 通风换气　尽可能充分地通风换气。

（1）重视通风换气　雏鸭新陈代谢旺盛，需要不断吸入大量新鲜的氧气，排出大量的二氧化碳和水，同时鸭粪和垫料等分解后会产生大量氨气和硫化氢等有害气体分布在舍内。因此，要保证雏鸭正常健康生长，应加强育雏舍的通风换气工作，确保舍内空气新鲜、干燥。

(2)通风方式　可采用自然通风和强制通风。自然通风是靠室内外温差来进行通风,如打开门窗、通风孔等。温差小或气压低时效果差,但成本低。适用于跨度小,房舍较短的育雏室。强制通风是利用通风设备来进行通风,通风效果佳,但投资较大。适用于跨度较大,房舍较长的育雏室。

(3)通风原则　一定要在保证温度的前提下进行充分地通风换气。

7. 加强光照管理　刚出壳的雏鸭宜采用较强的连续光照,以便使其尽快熟悉环境,及时学会饮水和采食。

(1)光照时间　1日龄,光照时间24小时;2～7日龄,每天减少1小时;8～9日龄,每天减少2小时;10日龄以后夜间用弱光,以能看见采食、饮水为宜。

(2)光照强度　0～3日龄,每平方米5.4瓦;4～21日龄,每平方米2.7瓦。

三、育成鸭的饲养管理

育成鸭也称后备鸭。这一阶段是种鸭绝对增重最快的阶段,生长发育迅速并达到性成熟和体成熟,是决定成年种鸭繁殖性能好坏的最关键时期。这一时期最主要的管理工作是通过限制饲喂和控制光照以控制种鸭体重与开产日龄。如果此阶段饲养管理不当可能会导致成年种鸭繁殖性能低下,经济价值降低,甚至失去种用价值。

(一)育成鸭的生理特点

生长迅速、发育旺盛,各种器官功能逐渐健全。消化器官增大,对饲料的消化能力增强。骨骼、肌肉生长迅速,但体重增长速度随日粮的增加而逐渐趋于下降。羽毛经换羽长成成羽。对钙和蛋白质的需求增加。脂肪沉积开始增加,易引起肥胖。育成的中后期性器官发育加快直至性成熟。适应性、可塑性强。随着日龄的增加,体温调节能力完善,对外界的适应能力增强,同时由于羽毛的生长,御寒能力也逐步增强。

该阶段是种鸭身体和生殖器官充分发育最重要的时期,饲养管理好坏,直接影响到种鸭的生产性能的高低。在育成期,要充分利用青年鸭的生理特点,进行科学的饲养管理,保证骨骼和肌肉的充分发育,提高生活能力。育成期应适度限制生殖器官的发育,使其在适当的周龄达到体成熟和性成熟,并使其生长发育整齐,开产期一致,为产蛋期的高产打下良好的基础,提高开产后的生产性能。

(二)育成鸭舍的准备

育成鸭进舍前,应对鸭舍进行仔细检修,保持舍内不漏雨,卫生干燥,光亮适度,便于通风换气等。运动场和圈养场地面需平整,无积水现象,遮阳设施完好。对所有饲喂工具和设备进行彻底检修,同时做好消毒、灭鼠等工作。

在育成鸭入舍前 2 天,应在舍内地面和网上铺好垫料,垫料切忌霉烂结块,要求颗粒适中、干燥、清洁、柔软、吸水性好、粉尘少、无尖硬杂物。安放好料桶和饮水设施,调整至恰当的位置和高度。

转入育成鸭舍时,应用专门的清洁消毒过的箱或笼盛装育成鸭,这些箱和笼的底部应柔软,铺有软垫料。捉鸭时应小心,轻拿轻放,最好双手捧鸭身,或者抓其颈部,不宜抓脚,要轻放于笼底。盛装密度要适中,密度太大或太小都不好,运输途中要注意通风换气,减少震动,行车速度要缓慢、均匀。笼中的鸭捉出时也要轻拿轻放,不要让鸭碰伤。搬迁前后最好给鸭补充电解多维或维生素 C 和葡萄糖水,以减轻应激反应。同时将不合乎种用要求的鸭,如病弱残鸭淘汰。

也可以在育成舍育雏,先将所需的育雏区域用保温性能好的塑料薄膜等围住，以后随雏鸭的生长逐渐扩大育雏区域。这样，可避免搬迁的应激反应。

(三)育成鸭的饲养方式

1. 地面平养 在地面上铺5～8厘米厚的垫料，在饲养过程中，当垫料潮湿、脏污后应及时更换。垫料可采用刨花、木屑或切短的稻草等。此法的优点是方法简单、投资少。但房舍的利用率低，同时地面比较脏污，鸭群感染疾病的机会较多。

2. 网上平养 在离地面30～60厘米高的铁丝网、塑料网、木条板或竹条板上进行网面饲养。鸭的粪便及溅出的水可漏在网的下面，使网面保持清洁干燥。此法的优点是鸭不与地面接触，减少了感染疾病的机会。缺点是投资较大，有时网眼较大时，易造成腿部损伤。

3. 半网半地平养 前两种方式相结合的一种方式。即半地半网平面饲养。在生产中，将喂料器具和饮水的器具放置在网面上，而铺有垫料的地面让鸭群休息。

另外，育成鸭的饲养应当舍内舍外结合，即需设有户外运动场或圈养场地，特别是在后备期的后半段应让育成鸭有适当的活动和运动场地，以增强体质。所有舍内外地面应平整，并保持清洁干燥，舍内地面应是水泥地面、石材地面等硬表面；户外场地最好为沙地，排水性能良好，并设有遮阳设施，如树木、人工凉棚等。可以准备水面供鸭游水、戏水，用水要求清洁卫生，不能有污染和脏臭现象。所有地面的坡度应小于25°，在陆地与水池交接处地面应逐渐倾斜过渡，不可有陡坡和突然高出水面的现象。

(四)育成鸭的饲养管理

1. 育成鸭的饲喂原则 种鸭质量的好坏，直接关系到合格种蛋的多少、肉用仔鸭的生长速度和品质。因此，养好种鸭是肉鸭生产中一项关键性的基础工作。种鸭在育成期间，各器官系统进入旺盛的发育阶段，逐渐健全和日益成熟。因此，这阶段的肌肉系统、骨骼系统、生殖系统能否打好基础，直接关系到将来产蛋性能高低。

育成期间鸭的相对增重降低，但绝对增重增加。因此，表现为食欲旺盛，消化能力提高，活动力强。饲养育成种鸭的目的不是追求增加多少体重，而是在保证正常体重的前提下，种鸭群将来有良好的产蛋性能和饲料转化率高，所产商品代雏鸭的肥育效果好。育成期必须供应清洁、新鲜的饲料和饮水。育成鸭饲料为全价配合饲料，颗粒比小鸭料要粗，到后期饲料颗粒同大鸭料一样粗；也可饲喂粉料，但鸭对粉料的采食量小，吞咽困难，浪费较多。料型转换一般都需要3～5天的过渡时间，否则对鸭的采食、消化、吸收等造成应激，产生不良的影响。饲养要点主要是对育成鸭进行限制饲养。

2. 限制饲养 限制饲养在育成期的主要作用是减少采食量，使种鸭的生长受到一定抑制，防止过早性成熟，控制体重增长，保证标准开产体重，降低体内脂肪积累，以免体重过大鸭体过肥，并能节省饲料。

(1)限制饲喂的方法 主要有限量法、限质法和限时法3种。

①限量法 限制饲料的供给量，在日粮营养水平较高的情况下，适当减少其采食量。限喂前应根据季节、出雏日期、体重标准、饲料及饲养方式等条件制定限制饲喂计划。

②限质法 限制饲料的质量，控制饲料的营养水平，降低日粮中粗蛋白质和能量的含量，增加纤维素的含量。但钙、磷等矿物质及微量元素和维生素仍要保证满足需要，以促使鸭体骨骼和肌肉的正常生长发育。此法不限量，对鸭的应激小。

③限时法 限时饲喂，或减少饲喂次数，或缩短饲喂时间，其本质也是限量法。

(2)限饲时应注意的问题

第一,育成期种鸭的日粮应为营养全面的全价颗粒饲料,特别是限制性氨基酸和多种维生素不可缺少。因此,不能经常随意改变饲料配方,必须由经验丰富的专业配方师来配制。饲喂时应做到既不浪费饲料,又有利于限饲均匀。如采用饲料桶饲喂时,可在其底部再套一个稍大的塑料盆,以盛接漏出的饲料,然后将盛接的干净饲料再倒回料桶给鸭采食。

第二,观察采食变化,投喂的饲料应在4～6小时内吃完;若发现采食时间发生变化,则需检查原因,投喂量是否过多或过少,有无应激及疾病发生等。称量饲料要准确,使饲喂的饲料量准确无误。

第三,要保证充足的采食位置,使每只鸭获得其定量饲料的机会均等。育成期种鸭的采食间距每只应不少于15厘米,饮水间距每只不少于2厘米。除了采食和饮水间距应当足够外,饲料和饮水用具的分布应当均匀,料、水用具的上缘高度应与鸭背持平或稍高。也可将饲料铺撒到干燥清洁的地面或编织布上。

第四,要定期称量鸭体重,调整饲喂量。通常每1000只鸭中抽样称量50只,需随机抽样,称量要准确,而且必须在非饲喂日或在饲喂之前称量,即统一用空腹体重衡量。取其平均值与品种体重标准进行比较,如结果表明鸭群不符合品种体重标准时,则需要调整饲喂量。饲喂量增加或减少的幅度应按每100只鸭0.5千克的比例掌握,不要超过这个比例。

第五,在母鸭开产前一段时间,需逐渐增加饲喂量,一般是每周增加2～3次,每次按每100只鸭增加1千克;到刚开始产蛋时,需改为每日饲喂,并更大程度地增加饲喂量;至母鸭产蛋量达5%左右时,应采取自由采食。这样既能供给其足够的营养,刺激产蛋,又能很好地控制其体重,并且尽量减少应激。

由于采食量少,育成种鸭的饮水量比肉用鸭少,供水情况与肉用商品种鸭相同。若运动场放置有饮水，则一定要保持饮水清洁，并且及时排除溢出的水。如果设置有水池，水池的水应清洁，无病菌污染。

3. 育成鸭的体重标准　通过限制饲喂的手段来实现控制体重的目的，要求达到标准体重。而限制饲喂的体重标准因品种的不同而不同，因此限制饲喂的结果必须通过抽样，进行体重测定并和品种体重标准相对照。

称重必须在同一时间空腹进行，因为品种标准表列出的是空腹体重。体重测定应该从第四周开始，每周定期称重 1 次，直到开产。具体抽样称重方法是：先随机抽取所有母鸭的 5% 和所有公鸭的 5%，分别称量其总重，算出平均数；再将这部分鸭的个体重逐只称出，如果平均数特别高或特别低，则需增加抽样数量为群体的 10%，并且再逐只测量其个体重。将公、母鸭体重平均数分别与其品种标准比较，如果相同或很接近，则饲喂量合理；若两者不同，就要相应改变饲喂量。如体重比标准轻，则需适当增加饲喂量；如体重比标准重，则需适当减少饲喂量。如果样本鸭的体重个体差异大，则表明群体整齐度差，要改善饲喂方法。如增加饲喂设备、改变饲喂时间、分群饲养等，同时将弱、残鸭淘汰。樱桃谷鸭父母代种鸭标准体重见表 5-1。

表 5-1　樱桃谷鸭父母代种鸭标准体重　（单位：千克）

周　龄	母　鸭	公　鸭	周　龄	母　鸭	公　鸭
4	0.967	1.112	16	2.752	3.107
5	1.335	1.532	17	2.785	3.140
6	1.757	2.015	18	2.807	3.160
7	1.945	2.226	19	2.851	3.204
8	2.133	2.439	20	2.885	3.327
9	2.210	2.523	21	2.918	3.269

续表 5-1

周龄	母鸭	公鸭	周龄	母鸭	公鸭
10	2.287	2.606	22	2.962	3.313
11	2.365	2.691	23	2.996	3.346
12	2.442	2.774	24	3.040	3.390
13	2.520	2.858	25	3.072	3.421
14	2.597	2.941	26	3.105	3.452
15	2.675	3.025			

4. 体重及均匀度的控制 种鸭体重与均匀度的控制水平与种鸭产蛋高峰、高峰维持时间长短、整个产蛋周期的产蛋总量密切相关。在整个育成期所有的工作要紧紧围绕此项工作进行。

(1)管理要求 为了保证体重的合理增长和较高的均匀度，要注意以下几点：控制鸭群适宜的密度和群体大小；每只鸭至少要保证 0.3 平方米的舍内面积和 0.3 平方米的运动场面积；每群 300 只为宜。及早分群。将公、母鸭分群，并按体重强弱分群饲养。配方准确，称料精确。

(2)喂料方式的要求 必须将饲料均匀分布到舍外运动场或舍内足够大的面积上，随鸭的生长及时增加撒料面积，并注意防止以下几点：地面潮湿导致颗粒料溶解，造成饲料的浪费导致鸭实际采食量的不足；撒料时饲料溅落到鸭无法采食的区域导致饲料的浪费和鸭采食量的不足；撒料时将颗粒料踩碎成粉末，导致饲料的浪费和鸭采食量的不足；粉料不得用于撒料饲喂。

(3)称重及注意事项 称重要早，雏鸭到达育雏舍就要称取初生重，以后每周至少称重 1 次；称重比例不少于 10%，称重要定点、定时、定人；称重后准确计算出每圈、每栋、全群的平均体重和体重均匀度；计算体重均匀度，要以标准体重和实际平均体重的 ±5%分别计算，据此对鸭群的体重和均匀度做出正确的评估；根据称重结果，仔细周密核定出下1周的喂料量。

(4)调群　按体重大小、个体强弱将鸭分群，并注意如下几点：根据体重和均匀度情况，及时将体重不同的鸭按大、中、小调整到相应的栏圈中去。此项工作是体重和均匀度太差时的应急措施，最好避免；在均匀度、体重状况不是太差时，最好不要进行全群称重分群，这样会导致群序的极大变动，这在种鸭饲养中特别要避免。特别是公鸭更要注意防止此问题的出现，保持群体的稳定性。

(5)对体重特别小的种鸭的处理　每栋鸭舍设立一专门的机动小圈栏作为小母鸭圈，每天将大群内目测体重比较小的母鸭挑到小母鸭圈进行单独加料，并用比较容易辨认的颜色在鸭身上做记号，便于在每次喂完料后将其挑出。每次单独补完料后应将鸭及时放回大群。此项工作重复进行，直到它们的体重达到标准为止。

5. 育成鸭的光照控制　育成期是鸭的一生中光照最易出问题的阶段，光照太长或太短都会引起一定的经济损失。如果在育成期光照时间过长，会导致性成熟过早和过早开产，产蛋少，蛋重小、受精率低等；如果光照时间过短，可导致性成熟延迟，开产推迟。开放式鸭舍应根据出雏日期、当地日照时间规律来制定合理的光照制度。从开产前8周左右起，可提供适当的人工光照，每周增加0.5～1小时。产蛋高峰期光照时间达到最长。从开始增加光照时间开始，每日光照时间可保持恒定或逐渐增加，但绝对不能减少，因为正常的光照制度被中断或光照时间被减少，将会引起产蛋量降低且难以恢复。每日12小时以上的光照即会刺激产蛋，但产蛋高峰时每日至少需14小时的光照，最好每日光照时间为17小时。人工补充光照最好在早上日出前，因为这样将促进母鸭在日出前产蛋。

全封闭式鸭舍的光照比开放式鸭舍好控制，可以全部采用人工光照来控制。半封闭式鸭舍与开放式鸭舍两者的光照时间及光照变化规律类似,都采用渐减渐增法或恒定光照法两种光照制度。

渐减渐增法:在育成阶段要逐渐减少光照时间,产蛋前和产蛋期间逐渐增加光照时间。具体方法可参考如下:出雏后最初 2 天给予全天 23 小时光照,以后逐渐递减光照时间,到 10 日龄为 15 小时左右,以后每周递减 0.5 小时,直至恒定每日光照 8～9 小时;根据大群体重情况一般从 18～20 周龄开始逐渐递增光照时间,每周增加 0.5～1 小时,直到产蛋高峰时每日光照时间达到16～18 小时,保持至产蛋结束。

恒定光照法:即在育成期采用固定的光照时间,产蛋前和产蛋后逐渐增加光照时间。具体方法可参考如下:出雏后最初 2 天给予全天 23 小时光照,从 3 日龄至 18 周龄每日固定8～9 小时光照;从 18～20 周龄开始每周增加光照 0.5～1 小时,到产蛋高峰时光照达到 16～18 小时,保持至产蛋结束。

(五)育成鸭的日常管理

1. 调节密度 一般来说,育成期地面平养每平方米不超过5只,网养不超过 10 只,半地半网养不超过 7 只,具体饲养密度需视房舍设计、天气情况、饲料和饮水设备以及通风状况等决定。在运动场和户外饲养的种用育成鸭应保证每平方米不超过 1 只,而且场地地面应排水良好,有遮阳设施,最好为水泥地面或沙地。

2. 注意通风 必须保持通风良好,以排除污浊空气,使鸭得到新鲜的空气和足够的氧气,感觉舒适,以保持健康和正常新陈代谢,促使其生长良好、均衡。要避免贼风入侵和温度突然大幅度变化。

3. 控制垫料 育成种鸭最好采用离地网养或半地半网平养。地面平养时需用水泥地面,大部分地面应干燥,垫料厚薄均匀,最好用抛撒的方式撒铺垫料,且每日保持垫料干燥清洁,供鸭休息睡眠。良好的通风、排水及饮水器的放置位置等都可保持垫料和地面干燥。运动场最好为沙地，而且有一定的坡度，使多余的水能排出去，保持场地干燥。种鸭不一定需要游泳，但水面对种鸭的防暑散热和提高蛋的受精率有一定的帮助，而且可节省陆地，综合利用水面，因此可充分利用水面饲养种用育成鸭。

4. 适量喂沙 禽类的共同特点之一是无牙齿，靠肌胃内的沙砾磨碎食物。因此，从 6 周龄开始，应该提供给鸭不溶的、颗粒大小适当的沙砾。沙砾应稍粗但直径不应大于 0.5 厘米，用量为每周每 100 只鸭加 500 克，盛于盆中，放在地面上供鸭采食。沙砾不宜与饲料混合饲喂。有运动场的鸭舍养鸭时不需要喂沙砾，因为鸭能采食到运动场里的沙砾来满足自身的需要。可溶性的颗粒如贝壳粉、石粉等，只有在产蛋期间，当饲料中的钙、磷不能充分满足生产需要时，才适当饲喂。若供给育成鸭，可能因采食太多而引起营养不均衡和相互拮抗，甚至导致钙中毒。

5. 做好记录 种鸭育雏、育成期饲养管理记录的内容参见表 5-2。

表 5-2 育雏、育成记录表

品　种______　入舍鸭数______　入舍日期______　饲养员______

日龄	鸭群情况					环境条件				防疫用药	消毒	清粪
	日总耗料（千克）	只日耗料（克）	死淘数（只）	存栏数（只）	周末平均体重（克）	光照时间（小时）	光照强度（瓦/米²）	舍温（℃）	舍内湿度（%）			

四、产蛋种鸭的饲养管理

种鸭经训练后，能适应一定的饲养规程，而且一经形成习惯就不轻易改变。所以，生产中要严格执行正常的饲养管理规程(如定时饲喂、集蛋、开关灯、准时赶鸭运动等)，让种鸭发挥最大的生产潜力。

(一)一般饲养管理

1. 从育成舍到种舍的适应 种鸭在开始产蛋前至少 2 周，应从后备舍迁移至产蛋种鸭舍，使种鸭有一个适应新环境及其管理规程的过程，并且由限制饲喂逐渐到增加饲喂量，并慢慢转为自由采食。所有的饲料和饮水必须新鲜、清洁，杜绝霉变和脏污现象。

2. 划分生活区 要训练种鸭习惯于将饲喂和饮水活动区域与产蛋活动区域分开，饲料和饮水位置应离产蛋箱 10 米以上。或者将鸭棚分为“日区”和“夜区”。所设计的“日区”，设置饲料桶和饮水器，饮水器的下面要设计有排水沟，上面要有铁丝网或塑料网围住，以防止溅出更多的水，并能将溅出的水排除掉，设一个小的干燥垫料区。“夜区”全部铺有垫料，沿墙壁边缘将地面隔断成产蛋窝或放置产蛋箱，始终保持干爽清洁。“日区”和“夜区”最好隔离开，只设小门让鸭通过。“日区”可以是在户外运动场、围栏内，也可以是在鸭舍内，但面积需符合密度要求；“夜区”应在棚舍内。所有地面应平整，坡度角不得大于 25°。每日早上在固定时间(通常在早上 7 时)将鸭从“夜区”赶到“日区”，在黄昏固定时间再将鸭从“日区”赶回“夜区”。经过一段时间的训练后，种鸭会养成习惯，白天在“日区”活动不留在巢窝，晚上则在“夜区”休息和产蛋。

3. 防止鸭啄羽和吃蛋 为了防止鸭啄羽和吃蛋，除保持地面和垫料干燥外，还需注意饲养密度，尽快收集种蛋(特别是运动场上的蛋),以及注意营养的均衡性。种鸭每群不能超过 250 只母鸭,每只母鸭至少需供给 0.5 平方米的“夜区”和 1 平方米的“日区”(即运动场和采食场)。运动场最好宽为 40～50 米,长度同鸭棚一样。运动场四周的围墙应不低于 2 米高,以隔离外来动物的入侵和干扰。棚舍内或运动场内的间墙应为 0.75 米高左右。做好灭蚊、灭鼠等卫生工作,避免犬、猫等动物对鸭群的侵害和惊吓,防止因应激反应使产蛋量急剧下降。

4. 管理好产蛋箱和垫料 产蛋箱必须要求数量充足,设计质量良好,方便母鸭出入,在产蛋时可避免外界的干扰。每 4 只母鸭应配有 1 个产蛋箱,产蛋箱内的垫料必须柔软、清洁、干燥,比其他地方的垫料好,使鸭感到产蛋箱内最舒适,并喜欢在产蛋箱里产蛋。若见产蛋箱里有粪便和破蛋等污物,应立即除去、更换干净垫料。产蛋箱内的垫料最好是刨花,其次是谷壳,木屑和干稻草最好不用。垫料每周至少更换 2 次,将旧垫料取出铺在鸭舍其他地面,再将最新鲜、柔软的垫料铺进产蛋箱。下雨天若鸭群在户外活动多而易弄湿地面和垫料时,则需每日更换全部产蛋箱垫料。垫料必须防霉。

地面上的垫料也必须经常保持干燥、清洁、柔软,若变脏变湿,不仅影响种鸭的产蛋性能,而且影响产蛋箱卫生,从而影响种蛋的清洁和孵化。垫料潮湿不洁还会引起腿病和寄生虫病,从而影响公、母鸭交配及受精率,导致其他疾病流行。

保持产蛋箱和垫料情况良好还需注意做好以下几点:通风必须良好,以排除产蛋棚内的湿气;饮水器必须放置在排水良好的地方,如没有设置排水沟的区域或运动场,应及时排除溢出的水而不要弄湿弄脏地面及垫料;在炎热季节喷水降温时,不要喷到产蛋箱区域,而且不能弄湿地面及垫料;湿污的、板结变硬的、差的垫料必须及时更换,或者添加新鲜、干燥、柔软的新垫料给以覆盖。

5. 适量喂沙补钙 像育成鸭一样,要给种鸭提供不溶性的、颗粒适中的沙砾，使鸭的消化功能加强。这些沙砾应放在单独的盆或槽中，供鸭任意采食。如果鸭舍设有沙地运动场，鸭能在运动场上采食到足够的沙砾，可不必补喂沙。

当饲料中的钙、磷满足不了种鸭产蛋生产需要时，必须补充钙、磷制剂，如贝壳粉、磷酸氢钙粉和石粉等，颗粒应稍粗，使鸭不至于采食过多，而供其慢慢消化吸收利用。在鸭产蛋高峰期或饲料粗劣时，尤应特别注意补充钙、磷饲料。

6. 淘汰病次鸭 鸭群中的病次鸭或无生产力的鸭，应该尽快地予以淘汰，以免浪费饲料或使疾病蔓延。母鸭每个月的淘汰和死亡总数不应超过鸭群的1%，超过此标准时，要彻底检查饲养管理方法和免疫用苗程序等。公鸭的淘汰，则应参考合理的公、母鸭比例。

7. 其他注意事项 舍内应通风良好而无贼风侵袭；夏天做好防暑降温工作，减少热应激；冬季注意防寒，控制好光照，即从增加光照时间开始至产蛋结束这段时间不可减少光照时间；严格执行接种计划，搞好卫生和隔离消毒工作；保持环境安静以及做好各项记录等，以确保种鸭处于安全、舒适的条件下，发挥最佳的繁殖性能。

(二)种母鸭的饲养管理

1. 提高日粮的营养水平 种母鸭在接近性成熟时，要停止限制饲养，按产蛋期的要求，提高日粮中的营养水平(详见肉用鸭的饲养标准)，充分满足产蛋的营养要求。在配制饲料时，应按较高一级产蛋率的标准给予必需的营养物质，除蛋白质满足需要外，还要使各种必需氨基酸保持平衡，其中色氨酸对提高种蛋受精率和孵化率作用较大，这种氨基酸在豆饼和鱼粉中含量丰富。各种维生素也要合理补充，不可缺少，特别要适量增加维生素E，以提高种蛋受精率和孵化率。有条件时，尽量补喂青绿饲料。总之，提供充足的营养是保证种鸭产蛋的关键。

2. 适当增喂无机盐　种鸭产蛋期内，无机盐的需要量大，特别是钙，鸭体内代谢快，贮藏不多，需要从饲料中不断吸收，应尽可能补充小颗粒的钙质，放在小盆里，摆在运动场或鸭舍的一角，任其自由采食。常用的是碎石或碎蛤蜊壳。使种鸭肌胃内经常保持有钙质颗粒，以满足产蛋母鸭对钙的需求。

3. 定时限料　种鸭产蛋期内，代谢功能旺盛，对营养物质的需要量大，应适当增加饲喂次数，一般每昼夜喂 4 次（白天喂 3 次，晚上 1 次），休产期的种母鸭每昼夜喂 2 次即可。

（三）种公鸭的饲养管理

种鸭的饲养不仅只是母鸭还有公鸭，不但要养好种母鸭，还要养好种公鸭，才能提高受精率，充分发挥种鸭的繁殖性能。

1. 适当控制体重　体重过大或过肥的公鸭，将影响其繁殖性能，尤其是对种蛋的受精率将产生不利的影响，经过后备期的限制饲喂，使公鸭的体重得到适当控制。通常将公鸭的限制饲喂改为自由采食是在母鸭已经产了最初几枚蛋以后，即在预定的开产期（即鸭群产蛋率达到 15%时）的前 2 周时（此时鸭群产蛋率为 5%）开始实行。这样可以很好地防止公鸭体重超重而又不会妨碍种蛋受精率。

2. 公、母配比适当　在刚开始产蛋时，每 100 只母鸭可以搭配 18 只公鸭，这对保持种蛋良好的受精率很重要，但不要超过 20 只公鸭，因为公鸭的生活力强，过多的公鸭或新增进的公鸭会扰乱鸭群的秩序，需要立即剔除过剩的公鸭。如果公鸭全部是健康和精力旺盛的，每 100 只母鸭配 16 只公鸭就足够了。

3. 保持高的受精率　公鸭要求体质强壮，性器官发育健全，性欲旺盛，精液品质好，精子活力高，才能有高的受精率。公鸭开始育雏要比母鸭早 1～2 个月，才能使公鸭在母鸭产蛋前已经达到性成熟，提高种蛋受精率。育成阶段，公、母鸭最好分群饲养(公鸭群要放入少量母鸭伴随公鸭成长)。在有放牧条件的地区，尽可能采用放牧为主的饲养方法，使其能充分采食野生饲料。并且放牧也能使其骨骼、肌肉得到充分锻炼，从而增强体质。性成熟初期、尚未到配种期的公鸭尽量少下水，以减少公鸭之间互相嬉水，形成恶癖。配种前20天，将公鸭放入母鸭群中，此时应多下水活动、少关着饲养，创造条件，促使其性欲旺盛，增加有效的配种次数。

管理良好的种鸭群中，种蛋的受精率应超过入孵种蛋的90%，孵化率应超过入孵种蛋数的80%。在种鸭群中实行人工授精技术也是可行的，采用人工授精后可大大减少公鸭的饲养量，减少鸭群中的追逐应激，节省饲料成本，但目前种鸭场还较少实行。

4. 种鸭的利用年限 种鸭的产蛋年限一般可达4～5年，母鸭开产后的第一年度内(相当于18月龄)，产蛋量最高，2年以上的鸭子产蛋能力逐渐下降(比第一年度降低30%以上)，3年以上的老鸭产蛋量则更少(比第二年度降低35%以上)。也就是说，母鸭越老，产蛋量越低，而且种蛋的受精率与孵化率也随之下降。因此，种鸭以利用一个产蛋年最为经济，即种鸭自出雏至养到17～18月龄淘汰最合算。因市场等原因可以通过人工强制换羽利用第二个产蛋年。育种鸭群的使用年限，可根据育种需要适当延长，不受上述条件限制。

(四)种鸭的人工强制换羽

1. 人工强制换羽的作用和条件 母鸭开产后，产蛋率迅速提高，在达到理想的产蛋高峰并持续一段时间后逐渐回落，直到产蛋结束，历时8～9个月，称为第一个产蛋年。到夏季天气炎热时，鸭群由于受热应激的影响，食欲减退，新陈代谢减慢，加上其他因素，产蛋量明显下降，会有很多母鸭出现换羽停产现象。

自然换羽需4个月左右的时间。换羽期间产蛋率很低，甚至不产蛋，蛋小，品质不良，受精率低，换羽不一致。换羽后到再次产蛋时间参差不齐，第二个产蛋年的产蛋率要比第一年低。为了使鸭群能尽早恢复产蛋，缩短休产期，常采用人工强制换羽的方法。

人工强制换羽只需要 2 个月左右的时间，换羽时间较为一致，换羽后产蛋整齐，蛋的品质好，受精率高，蛋重会明显增加，能再次达到较高的产蛋高峰。而经人工强制换羽后，再利用 30～40 周的产蛋期，产蛋率要比自然换羽高。

人工强制换羽一般采用物理的断水停料法，主要是通过对水、饲料与光照时间的控制，使鸭的生活条件和习惯突然改变，营养供应不济而实现的。当鸭群产蛋率下降至 30%以下、蛋形变小、甚至有畸形蛋、受精率降低时，即可进行人工强制换羽。

实行人工强制换羽的鸭群必须是健康的，第一年的产蛋成绩良好。如果鸭群的健康状况差或第一年的产蛋成绩差，则不要进行人工强制换羽，淘汰鸭群或让其自然换羽，以免引起鸭大量死亡和耗费不必要的人力。

2. 人工强制换羽的方法　是采取停料刺激，实行人工拔除翼羽。具体做法通常分 3 个步骤进行。

第一步，停料停水。在停止光照的同时，立即给鸭群停水停料。停料持续 8～10 天；到第四天（夏季提前到第三天）开始恢复供给饮水，第十天（夏季可延长 3～5 天）开始逐步恢复供给饲料。

第二步，拔毛。经过停料刺激后于第五至第六天鸭羽毛蓬松，开始脱落，即可开始人工拔羽。先拔主翼羽，后拔副翼羽，再拔主尾羽。拔羽时要注意观察和感觉，若羽根干枯，羽轴与毛囊易脱离，就是所谓已经“脱壳”，即可开始人工拔羽，一次全部完成。如果试拔很费劲，拔出的羽根甚至带嫩尖或带血液，说明拔的时间太早，应延迟几天再拔。每天投喂维持饲料。

第三步，复壮。拔羽后鸭双翅主翼及尾羽开始重新生长时，即可逐步恢复喂给营养水平较高的饲料，由少到多，直到恢复正常营养水平。具体操作可参考如下：拔羽后当天，部分恢复喂料，喂原饲喂量的 5%，第二天喂 20%，第三天喂 40%，第四至第六天喂 60% ，第七至第九天喂 80%。第十天恢复至原喂料量，开产前喂育成料；直到第五周后改喂粗蛋白质含量达 17.2%以上的产蛋鸭料。在恢复期内，舍内要多垫柔软的垫草，并保持干燥，同时要有足够的水盆和食槽，加强饲养管理，一切按产蛋种鸭正常饲养管理方法进行。一般在拔毛后 25 天左右长出新羽，经过 50～60 天可以换羽完毕，恢复产蛋。

同时要控制好光照：0～5 周自然光照，从 6 周开始增加光照时间，至 8 周恢复到换羽前的光照时间。

3. 人工强制换羽期间应注意的问题

第一，人工强制换羽前，先要对鸭群进行个体检查，及早淘汰病、弱、瘦小的鸭，以免在人工强制换羽的过程中造成过多的死亡和不必要的经济损失。

第二，人工强制换羽期间，除最初 8～10 天部分或全部限制鸭群饮水和给料外，以后就应恢复正常的饲料和饮水供给，尤其是富含蛋氨酸、胱氨酸等含硫氨基酸的动物性蛋白质饲料，如鱼粉、羽毛粉等的供给。

第三，人工强制换羽期间要将栏舍彻底打扫干净，以免种鸭因饥饿吞食杂物而造成死亡。

第四，拔羽后的 5 天内，在加强通风换气的同时，应注意防寒保暖，并避免阳光暴晒。

第五，恢复喂料时，应安排足够的饲槽并逐渐增加喂料量，以免发生食滞。

第六，人工强制换羽期间至恢复产蛋前，公、母鸭要分群饲养，以免公鸭骚扰母鸭，影响母鸭的正常换羽和饮食。同时也可保持公鸭精力，以利于母鸭恢复产蛋后的自然配种。

第七，人工强制换羽期间由于鸭体质下降，抵抗力降低，容易发生疾病，因此应该特别注意做好饲养管理和防病工作。

五、鸭群日常观察要点

在鸭群饲养的过程中，为了做到对疾病的早预防、早发现、早隔离、早治疗，以提高养鸭经济效益，必须做好日常观察，其要点如下。

(一)精神状态

健康鸭眼睛明亮有神，精神饱满，活泼好动，羽毛整洁、趾光亮。健康的鸭群四处走动或卧地休息，尾羽光滑、紧密、贴身，喜睡及游水时间较长，鸭子洗浴后羽毛光滑不湿。病鸭则表现眼睛浑浊、无光少神，精神不振或独立一角，低头垂翅，羽毛蓬乱，不愿活动。

(二)饮　食

鸭群在一定时间内采食量、饮水量保持相对稳定。而病鸭往往挑食或拒食，采食量明显下降。当然还应考虑气候、应激等诸多因素。每天要检查饮水是否干净、有无污染，饮水器或水槽是否适宜，有无不出水或水流过大而外溢的现象。看鸭的饮水量是否适当，防止不足或过量。肉鸭采食量应是稳定的逐日平稳增加，只要给予适量的饲料，一般都能在规定的时间内采食完。正常情况下，添料时健康鸭争先抢食，病鸭则呆立一旁。发现异常变化，应及时分析原因，研究应对策略。

(三)呼吸变化

健康的鸭群不会张口呼吸(炎热夏季除外)，病鸭则表现为打喷嚏、张口呼吸，有时强力摇头，鼻孔处有黏液或脓性分泌物。一般在夜深人静时听鸭群的呼吸声音,以此辨别鸭群是否患病。异常的声音有咳嗽、啰音、甩鼻等。当舍内温度或天气急剧变化、接种疫苗后,多表现呼吸症状,应加以正确区分。

(四)运动状况

健康的鸭子行走时一摇一摆,步伐有劲,病鸭要么不走,要么东倒西歪,行走困难。观察鸭子行走,特别要注意有无眼盲瞎撞,以及先天性和后天性的伤残等疾病。

(五)产蛋情况

鸭子正常的产蛋时间是凌晨 2 时至 5 时,若推迟产蛋,蛋重减轻,产蛋率下降,这是鸭群患病的征兆。健康的鸭群所产的蛋表面光滑、蛋壳坚固完整、颜色均衡稳定。若蛋壳表面粗糙、蛋壳变薄或变软、大小头明显,说明鸭群异常。健康鸭群的蛋重在一定时期内是相对稳定的,若蛋重下降明显或时高时低,除注意采食量和饲料营养外,还应注意鸭群健康状况。蛋鸭产蛋量从初产到高产的过程是逐步上升的,产蛋高峰期相对稳定。若产蛋数下降幅度较大,且连续数天,除注意饲料和应激外,也应考虑鸭群健康状况。

(六)粪便状况

健康鸭群的粪便不硬不软,在粪便中有少量白色尿酸盐沉积,而病鸭粪便常有绿色、白色、金黄色等多种不正常的稀粪便。鸭群拉白色稀粪是鸭群感染各种传染病的最初特征之一,应进一步诊断及时用药治疗。

思 考 题

1. 鸭舍通风换气的原则是什么?
2. 简述雏鸭的饲养管理要点。

3. 肉种鸭育成期的限饲方法有哪些？限饲应注意哪些问题？
4. 如何做好育成鸭的日常管理工作？
5. 提高育成鸭群均匀度的措施有哪些？
6. 简述肉种鸭产蛋期的饲养管理要点。
7. 简述种鸭人工强制换羽的方法及注意的问题。

第六章　商品肉鸭饲养管理技术

一、商品肉鸭特点

(一)商品肉鸭生产特点

1. 早期生长速度快　商品肉鸭出壳重40克左右,饲养45天体重可达2 500克以上,为出生重的60多倍。

2. 生产周期短、资金周转快　在我国,商品肉鸭6～7周龄可达到上市标准,部分地区或养殖场已接近世界水平。第一批鸭出栏后,鸭舍经2周清扫、消毒处理后又可进鸭,全年可出栏6批次以上。因此,生产周期短,资金周转快。

3. 饲料转化率高　我国商品肉鸭6周龄料肉比一般为2.0～2.2∶1,已达到或接近世界水平。另外,利用商品肉鸭早期生长快的特点,缩短其饲养期尽快上市,可进一步提高饲料转化率。饲料报酬是决定商品肉鸭生产成本、经济效益高低的关键。

4. 体重均匀度高　现代肉鸭不仅要求生长快、耗料省、成活率高,还要求体格发育均匀一致,出栏时商品率高。如果体格大小不一,则会降低商品等级,影响经济收入,给屠宰加工也带来麻烦。

5. 适于高密度大群饲养,提高生产效率　商品肉鸭性情温驯,活动量小,具有良好的群居习性,不仅生长快,而且均匀整齐。因此,适于高密度大群饲养,以提高生产效率。

(二)商品肉鸭营养需要特点

1. 商品肉鸭营养需要特点　商品肉鸭对饲料营养的要求严格,保证供给商品肉鸭高能量、高蛋白质、高维生素和微量元素等营养成分丰富而平衡的全价饲料,是使商品肉鸭快速生长的遗传潜力得到充分发挥的重要因素。商品肉鸭营养需要特点是:生长前期要求高蛋白质、低能量,后期要求低蛋白质、高能量。因为商品肉鸭早期器官组织发育需要大量优质的蛋白质,生长后期脂肪沉积能力增强,需要较高的能量。

2. 饲喂方式及方法

(1)实行自由采食　从第一日龄开始直到出栏,对商品肉鸭应实施强度饲养、自由采食,应尽可能诱使商品肉鸭多吃料。

(2)料型　喂养商品肉鸭比较理想的料型是前期使用破碎颗粒料,中、后期使用颗粒料。采用破碎颗粒料和颗粒饲料有利于提高饲料转化率和快速增重、减少疾病和饲料浪费,延长脂溶性维生素的氧化时间。

二、进雏前的准备

进雏鸭前的准备工作非常重要,是养好商品肉鸭的首要条件,提供安全适宜、清洁卫生的生长环境是养好商品肉鸭的前提。具体工作如下。

(一)清洁卫生工作

商品肉鸭出栏后到下一批进雏鸭前鸭舍的清理消毒工作是非常重要的环节,做好消毒工作,就取得了成功的一半。其程序如下。

1. 清理鸭棚及运动场　鸭群出栏后必须及时移出鸭舍内料桶、饮水器、塑料网、竹排(或竹竿)等饲养用具和设备,喷雾后彻底清除鸭粪、垫料、污物、垃圾，空出鸭舍并清扫鸭舍内外的环境，清理运动场，做到无鸭粪、无杂草、无垃圾。

2. 高压水冲洗鸭棚 用清洗机冲洗鸭舍的房顶、墙壁、棚架、饲养用具、地面及排水沟，从上到下，由净区向脏区，由内及外，无遗漏无死角，做到棚内任何表面都冲洗至无污物附着(无灰尘、无粪便、无羽毛等)，地面无积水，等干燥后方可消毒。

3. 检查维修鸭舍及设备 仔细检修鸭舍顶棚与四壁，做到隔热保温、无贼风、无漏雨；仔细检查鸭棚内电线、灯泡、饮水器、通风设备等；仔细检查棚内、运动场及其附近是否有鼠洞，如有应填平、堵住出入口。

4. 消毒 待干燥后用3%～5%的热烧碱水(烧碱水温控制在70℃以上效果较好)由屋顶至地面冲洗，并保留半天至1天，然后用清水冲洗晾干，此过程可重复1次。用0.5%过氧乙酸对料桶、饮水器及其管线和水箱进行清洗消毒，或将以上用具浸泡在2%的碱水中1天，取出后用清水冲洗干净，然后晒干备用；用石灰水将里外墙涂刷1遍，裂缝处要涂刷严实。对运动场及整个场区用3%～5%的烧碱水彻底喷洒消毒1遍，1周之后进行重复消毒1次。

5. 铺放垫料、安装设备 地面平养鸭棚在垫料区先撒1指厚(约1厘米)的生石灰粉，上面再撒3指厚(3～4厘米)晒干的干净河沙；设计育雏室时，沙上面再铺5～8厘米厚的先晒干处理好的稻壳等垫料；网上饲养鸭舍将消毒好的网架都铺好，安装好清洗消毒干净的塑料围网、料槽、饮水器，挂好温度计。鸭棚门口要设消毒盆，人员每次进入鸭舍前都要注意消毒。

6. 熏蒸消毒 设备用具等安放好后，将鸭舍门、窗、进风口、出气孔、下水道口等全部封闭，按每立方米用高锰酸钾21克、甲醛溶液42毫升熏蒸消毒。将鸭舍温度控制在25℃～30℃，相对湿度为65%～70%，密闭熏蒸24～48小时，消毒效果好。每两间可放 1 个熏蒸瓷盆，盆中先放入高锰酸钾再放少许水，最后从离舍门远端的盆开始依次倒入甲醛溶液，速度要快，出来后立即将门封严。

7. 通风　打开门窗、通气孔、排气扇，充分通风 1～2 天，完全排除舍内多余的甲醛气体（如有沸出的甲醛液体渗入地面，可用氨水中和），然后关闭门窗、排风扇及通风孔等待进雏。

8. 空舍间隔　本批鸭出栏完毕至下批鸭进舍时间间隔不应少于 14 天。

（二）器具用品准备

按进雏的数量购买疫苗、药品，准备好台秤、记录本、消毒和疫苗接种等器具，准备好照明、供温、隔网及喂料饮水用具等。

在雏鸭进舍前 1 小时，饮水器内应备好 3%～5%的葡萄糖和适量电解多维饮用水，均匀地分布于整个育雏间。

准备好饲料并做好饲料的保管工作，防止饲料因风吹、日晒、雨淋、受潮而降低饲料品质。在饲喂过程中，应注意饲料的保质期，发霉变质的饲料禁止饲喂。

（三）其他相关准备

育雏室一般在鸭舍的一端，用双层塑料薄膜隔成缓冲间。冬季在进雏前 2～3 天，夏季在进雏前 1～2 天育雏间开始预热升温，育雏室温度达到 32℃～35℃。测试温度时温度计液泡悬挂高度与鸭背等高，远离热源，离进风口 50 厘米以上；要求育雏室内各位置温度差异控制在 0.5℃～1℃范围内，不能有死角、贼风，要求区域温度均匀、稳定，不能忽高忽低。

把育雏室隔成小栏，装好塑料隔网及相关设备，塑料隔网高度为 50 厘米左右。这样可以有效限制鸭的活动范围，有利于雏鸭采食、饮水，防止惊群造成的雏鸭身体翻转、挤压死亡。

进雏前检查光照系统是否正常，为鸭群提供适宜的光照时间和光照强度是提高鸭只生长率和成活率的重要措施。鸭舍内光照应分布均匀，整个饲养期内光照强度亦采用由强变弱的方法。

本阶段饲养员作业规程参见表6-1。

表6-1　进雏前饲养员作业规程

日　龄	项　目	工作内容	基本要求	备　注
进雏前14天	清理鸭舍	1. 搬出饲养设备，清理残余饲料 2. 彻底清理鸭粪和垫料 3. 清扫房顶、墙壁、窗户和地面	无鸭粪、羽毛、饲料，残留的鸭全部淘汰。	设备包括料桶、饮水器、塑料网、温度计、火炉、水桶等
进雏前13天	检修设备	1. 维修饲养设备 2. 检修供水、供电、供暖设备	设备应该能保证饲养本批鸭	损坏的灯泡要全部更换好
进雏前12天	冲洗鸭舍	1. 清扫墙壁、房顶灰尘 2. 冲洗地面、墙壁、房顶 3. 冲洗饲养设备，晒干	舍内任何表面都要冲洗到，使之无赃物附着	清扫和冲洗应从上到下，从里到外
进雏前11天	室外消毒	1. 清扫道路、排水沟、院落 2. 用生石灰及烧碱水消毒	清除杂草；消毒液要均匀喷洒到每个角落	用3%热烧碱水消毒
进雏前10天	鸭舍消毒	1. 把设备搬入鸭舍，关闭门窗 2. 用3%热烧碱水消毒	消毒液要喷洒到每个角落	设备和地面干燥后方可消毒
进雏前9天	安装设备	1. 安装棚架、塑料网和护围 2. 挂好温度计和湿度计	网架表面要求平滑、无钉头、无毛刺	人员进入鸭舍应认真消毒

续表 6-1

日　龄	项　目	工作内容	基本要求	备　注
进雏前8天	安装设备	1. 地面平养铺设垫料 2. 摆放饮水器、开食盘 3. 安装采暖设备	1. 垫料厚6～10厘米 2. 40只鸭1个开食盘，30只鸭1个饮水器	
进雏前7天	熏蒸消毒	1. 关闭门窗和通风口，并检查有无漏气处 2. 检查温度和湿度 3. 甲醛和高锰酸钾密闭熏蒸48小时	1. 鸭舍密闭，舍温25℃，湿度75% 2. 每立方米用甲醛42毫升，高锰酸钾21克 3. 在中间走廊每隔10米放1个陶瓷盆	瓷盆内先放入高锰酸钾，后倒入甲醛；从离门最远端依次开始；速度要快，出门后立即把门封严；湿度不够时向地面和墙壁喷水
进雏前6天	外围清扫	清扫鸭舍周围环境		
进雏前5天	通风	打开门窗、通气孔和排风扇	彻底排除多余甲醛气体	人员进出必须消毒
进雏前4天	关闭门窗	关闭所有门窗	通风时间不少于24小时	杜绝人员进出
进雏前3天	组织工作	落实进雏、进料、购药事宜	发现不足立即弥补	
进雏前2天	设置预温	1. 每栋鸭舍门前放置消毒盆 2. 用塑料布隔出鸭舍的1/3作为育雏室 3. 冬、春季节此日开始预温	1. 室内设置隔热带 2. 排除火灾隐患，防止漏洞和倒烟现象	冬季在此时生火预温1～3天

续表 6-1

日　龄	项　目	工作内容	基本要求	备　注
进雏前1天	预温，准备接雏	1. 夏、秋季开始上午升温 2. 检查育雏温度和湿度 3. 准备好记录表及其他工具 4. 准备好育雏料和疫苗等	育雏温度32℃～35℃，空气相对湿度65％～70％	落实饲料、疫苗、用具和免疫人员

三、育雏期饲养管理

雏鸭 0～21 日龄为育雏期，是肉鸭饲养最关键的时期，此期雏鸭的绒毛短，调节体温能力差，需人工保温；消化机能尚未健全，食管膨大部、胃肠的容积很小，肌胃的肌肉也不坚实，磨碎饲料的功能还不强，要喂给易消化的饲料；生长发育很快，需供给丰富而全面的营养物质；抗病能力差，死亡率在全期最高，需特别注意防疫卫生工作。

(一)育雏的方式

肉用雏鸭的培育方式主要有地面育雏、网上育雏及混合式育雏等 3 种方式。

1. 地面育雏　是生产上最普遍的一种方式，在育雏室的地面上铺垫清洁干燥的稻壳、麦秸、刨花等垫料，日龄越小垫料越厚(初生雏第一次垫料厚 6～8 厘米)，在饲养过程中，应及时将潮湿、脏污的垫料更换。这种育雏方式设备简单，操作方便，投资省。缺点是卫生条件差，鸭群易发病。

2. 网上育雏　在离地面 30～80 厘米高的铁丝网、塑料网、木条板或竹条板上进行网上饲养。此法的优点：第一是环境卫生条件好，雏鸭不与粪便接触，感染疾病的机会少；第二是不用垫料，节省劳动力；第三是温度比地面稍高，容易满足雏鸭对温度的要求，可节约燃料，而且成活率较高。缺点是一次性投资比较大。

3. 混合式育雏 将地面育雏与网上育雏结合起来称为混合式育雏。其做法是将育雏室地面分为两部分：一部分是高出地面或将地面挖深的网床；另一部分是铺垫料的地面。这两部分之间用水泥坡面连接。饮水器放在网上，可使鸭舍内垫料保持干燥。

(二)接 雏

1. 做好接雏的准备工作 检查供水、供电、用品、用具等育雏前的准备工作情况。将鸭舍温度升到32℃～35℃，垫料温度最好在25℃以上，在进雏鸭前将饮水器装上凉开水，自然预热至26℃以上。准备好足够的饲料、药品及疫苗等。

2. 运输要求 运输车辆要彻底消毒，要有车厢或车篷，不能让风直吹或阳光直晒到雏鸭，运输途中要求快速平稳，不要急刹车，急转弯。路途远者，中途不能长时间休息，途中要进车厢检查雏鸭情况，并调换雏鸭盒的位置，以防内部雏鸭长时间高温缺氧。冬季要注意保温，夏季要防止中暑及脱水，雏鸭最好在24小时内运到。

雏鸭到场后，防止雏鸭受凉或受热，应尽快将雏鸭盒卸下搬入育雏室内平放，全部进舍后再小心地顺次将雏鸭放在铺好垫纸的格网或垫料上。

3. 选择健康的雏鸭 健康雏鸭应具备以下特征：大小均匀一致；腹部平坦，体型匀称，尾端不下垂，站立稳重，运动协调；绒毛洁净有光泽，头大颈粗，胸深背阔；脐部收缩良好，干燥无血迹，有绒毛覆盖；腿部光润丰满，趾蹼油润，无炎症、无脱水现象；膘情良好，精神良好；叫声洪亮，对光及声音反应灵敏；手握有温暖感，挣扎有力。

4. 合理分群 雏鸭转入育雏室后，应根据其出壳时间的早晚、体质的强弱和体重的大小，把体质好的和体质弱的雏鸭分开饲养，特别是体质弱小的弱雏，要把它放在靠近热源，即室温较高的区域饲养，以促使“大肚脐”雏鸭完全吸收腹内卵黄，提高成活率。雏鸭群体不宜过大，应分群饲养，有利于提高鸭群均匀度。

第一次分群后，雏鸭在生长发育过程中又会因生理或病理等原因而出现大小强弱的差别，所以要经常把鸭群中体质太强和体质太弱的雏鸭挑选出来，单独饲养，以免强的更强，弱的因抢食、抢水能力差而愈来愈弱，呈现“两极分化”现象。

(三)雏鸭饲养

培育雏鸭要掌握“早饮水、早开食，先饮水、后开食”的原则。饲养员要密切关注雏鸭的动态，当雏鸭东奔西走并有啄食的行为时，说明此时应给雏鸭饮水开食了。

1. 初饮与饮水 初生雏鸭第一次饮水称为开水。一般雏鸭出壳后 24～26 小时，在开食前先开水。由于雏鸭出壳的过程较长，且出雏器内的温度较高，体内的水分散发较多，因此，必须及时补充水分，以免脱水。雏鸭一边饮水，一边嬉戏，雏鸭受到水的刺激后，生理上处于兴奋状态，促进新陈代谢和卵黄吸收，促使胎粪排泄，有利于开食和生长发育。

(1)常用的开水方法

①用鸭篮开水 通常每只鸭篮放 40～50 只雏鸭，将鸭篮慢慢浸入水中，使水浸没脚面为止，这时雏鸭可以自由地饮水，嬉戏洗毛，2～3 分钟后，将鸭篮连同雏鸭端起来，让其梳理绒毛。

②雏鸭绒毛上洒水 开食之前，在雏鸭绒毛上喷洒些水，使每只雏鸭的绒毛上形成小水珠，雏鸭互相啄食小水珠，以达到开水之目的。

③ 用水盘开水　用白铁皮做成边高4厘米的水盘，盘中盛1厘米深的水，将雏鸭放在盘内饮水、理毛2～3分钟后，抓出放在垫料上理毛、休息后开食。以后随着日龄的增大，水盘中的水可逐渐加深，并将水盘放在有排水装置的地面上，任其饮水、洗浴。

④ 用饮水器开水　即用真空饮水器注满温开水，放在保温器四周，让其自由饮水，开始时要先进行调教，可以用手敲打饮水器的边缘，引导雏鸭来饮水；也可将个别雏鸭的喙尖浸入水中，让其饮到少量的水，雏鸭模仿性强，只要有个别雏鸭到饮水器边来饮水，其他雏鸭就会跟上饮水；对不能识别水源的雏鸭或不会饮水的雏鸭，需要人工调教饮水，保证每只雏鸭都能及时喝上水，提高育雏率。以后随着日龄的增大，饮水器逐步撤到另一边，置于有利排水的地方。

以上4种方法，前2种适用于小群的自温育雏，后2种适用于大群的保温育雏。前5～7天以温开水为宜，冬季开水水温应在26℃以上。

(2)饮水注意事项　①要有足够的饮水空间，每1 000只雏鸭需要30～40个2升的真空饮水器，给雏鸭提供充足的饮水。在饲养期内的，饮水器尽量均匀分布在鸭只活动的范围内，绝不能发生断水现象。②经过长时间运输的雏鸭，为及时恢复体力减少应激，一般在饮水中加入3%～5%白糖或葡萄糖，同时添加0.1%电解多维。③每天必须清洗饮水器1次以上，保证饮水卫生。④饲养至3～5日龄时，逐渐把真空饮水器移近自动饮水设备，当雏鸭习惯使用乳头饮水器后，便可撤出真空饮水器，每个乳头饮水器能供给20～30只雏鸭饮水。

2. 开食与饲喂

(1)开食　在开水1～2小时后，雏鸭开始觅食，此时可以用开食盘喂给全价颗粒破碎料。采用长宽40厘米×40厘米、缘高2～2.5厘米的开食盘，每个开食盘可饲养50只雏鸭。若没有开食盘,也可将要饲喂的饲料撒在油布或深色塑料布上,或将运鸭箱截短到3厘米高,装料不超过1厘米深。对不会自动走向饲槽开食的弱雏,要耐心引诱它去采食,保证每只雏鸭都能及时吃到饲料。

(2)饲喂次数　初生的雏鸭消化机能尚不健全,饲喂时应遵循“少喂多餐,随吃随添”的原则,每次添加少量,让鸭可在短时间内吃完,但要保证不断料。然后逐步过渡到定时定量,这样可以既减少浪费,又促进雏鸭采食。饲喂次数第一周龄8~6次/天,第二周龄6~4次/天,3周龄后4~3次/天。喂料要有计划性,要让鸭将料槽中的料吃完后再喂料。2次喂料之间要有一定的间隔时间,这样可以让饲料得以充分地消化。计划喂料有助于降低饲料的浪费和提高饲料转化效率。要想获得成功的计划喂料,提供足够的采食位置是至关重要的。

(3)及时更换饲喂器具　在进鸭的第二或第三天,要加入一些料槽或料桶培养鸭只从料槽或料桶中采食的习惯,逐渐撤出开食盘。用料桶饲喂时,一般每20只鸭备1个,随着日龄的增加,采食位置应适当加宽,基本原则是保证每只鸭均有采食位置为宜。到第五天时,要完全改用料桶喂料,减少饲料浪费。

(4)饲喂器具的合理布置　在开始的3周内,应让鸭在任何时间都能采食到饲料。开食盘要放置在饮水器的旁边,便于边吃料边饮水。随着雏鸭长大,把水盆和料槽的距离拉开,既可节约饲料,又可防止污染饮水。

(5)及时调整饲喂器的高度　饲料占肉鸭整个生产成本的60%~70%。所以有必要最大限度地利用饲料,将饲料的浪费降到最低限度。随着肉鸭的生长逐步升高饮水器和料线(料桶)的高度,饮水器、料线(料桶)上缘应与鸭背高度相同,减少污染与浪费。

(四)雏鸭管理

1. 控制好适宜的温度和湿度　由于雏鸭前2周调节自身体温的能力较差,依赖环境温度来维持体温要求,既怕冷又怕热。这一时期的育雏温度对于雏鸭的成活率和生长发育十分重要。环境温度的高或低都会影响雏鸭的活动、采食、饮水以及饲料的消化吸收,因此适宜的温度是养好雏鸭的基础。

雏鸭在温度适宜的环境中分布均匀、安静。若雏鸭趋于拥挤或扎堆,表明育雏温度偏低或有贼风存在;若雏鸭远离热源、张开翅膀、张嘴喘气,表明育雏温度偏高。

雏鸭夜间常常堆挤而眠,温度偏低,堆挤更严重,以至压伤、压死或变成僵鸭。所以,夜间要加强观察,发现扎堆及时用手驱赶散开,同时调整舍温,更换潮湿垫料,将弱雏隔离饲养。

随着鸭只的生长,其自身调节体温的能力增强,在可控的条件下每周逐渐降温2℃左右;鸭舍昼夜温差变化控制在0.5℃～1℃左右。雏鸭适宜的温度、湿度见表6-2。

表6-2　雏鸭对湿度和温度的要求参考表

日　龄	高温育雏温度(℃)	常温育雏温度(℃)	相对湿度(%)
1～3	35～32	32～30	65～70
4～7	32～30	30～27	65～70
8～14	30～25	27～22	55～60
15～21	25～21	22～18	50～55

注:鸭舍温度需根据鸭群状况和环境变化作适当调整

2. 适当通风换气　适当进行通风换气,在保证鸭舍适宜温度条件下尽可能多地采用自然通风进行充分的通风换气;在较寒冷季节应采用地下送风道和天窗通风,避免冷风直接吹在鸭身上。

通风能调整舍内湿度，减少有害气体，减少病原，因此要高度重视与处理好温度和通风的二者关系，既要注意温度的适宜，又要考虑到舍内空气的清洁度，以无粉尘、无异味为宜。在生产中往往出现只重视温度而忽视通风现象，造成鸭舍通风不良，有害气体含量过高，不仅影响肉鸭生长速度，还容易诱发呼吸道疾病，严重的还将造成中后期肉鸭腹水症增多等危害。

3. 合理光照 为鸭群提供适宜的光照时间和光照强度是提高鸭只生长率和成活率的重要措施。鸭舍内光照应分布均匀，整个饲养期内光照强度亦采用由强变弱的方法，具体的光照程序见表 6-3。

表 6-3 商品肉鸭的光照程序

日龄(天)	光照时间(小时)	光照强度(瓦/米^2)	灯高(米)
1～3	24	3	2
4～7	23	3	2
8～14	23	1～1.5	2
15 以后	23	0.3～0.5	2
最后 1 周	24	0.3～0.5	2

4. 适时扩群 根据鸭群的生长发育情况适时进行扩群。饲养密度与商品肉鸭的生长发育有着直接的联系。密度过大，相互干扰采食、饮水，造成肉鸭个体不匀，饲料转化率降低，生长发育迟缓，体质衰弱，易发病，死亡率高；密度过小，虽然肉鸭生长发育好、增重快，但房屋设备利用率低，造成人力、物力等资源浪费，且冬季不利于保温。因此，在饲养过程中应及时调整鸭群密度，并对生长缓慢、发育不良的鸭只进行淘汰。商业肉鸭建议饲养密度见表 6-4。

表 6-4　商品肉鸭建议饲养密度

日　龄	密度(只/米^2)		
	地面平养	网地结合	网上平养
1～7	25～20	35～25	50～40
7～14	15～10	20～15	25～20
15～21	10～6	12～8	15～10
21～28	逐渐扩群至全棚	逐渐扩群至全棚	逐渐扩群至全棚
28 至出栏	5～3	6～4	8～6

5. 垫料管理　好的垫料管理可以让鸭只生长良好，提高饲料效能，促进羽毛生长，减少疾病的发生，提高胴体品质。

垫料厚度应在 5～10 厘米，随时保持干燥。一般要求垫料含水量在 20%～30%为适量。垫料状况可能因鸭群大小、密度、外界温度、湿度、通风量、饮水量和疾病状况而有不同。

垫料要求松软、干燥、吸水性强。垫料厚度均匀一致，不要漏出地面，并经常翻动垫料，防止结块。

为加强防疫，减少疾病发生，严禁垫料重复使用。

6. 卫生消毒　保证每天带鸭消毒 1～2 次，不同种类的消毒液可交替使用，以便于消灭不同种类的病毒和有害菌并防止其产生抗药性；每天清洗、消毒饮水器 1～2 次；每天清理粪便和污水，及时更换垫料；所有进入鸭场车辆及物品都需经过严格的消毒处理；人员进入鸭场应更衣换鞋，鸭场入口及鸭舍门口应设消毒池或消毒盆，消毒液应按规定配制，应每天更换 1 次；采取有效措施消灭老鼠和蚊、蝇，严禁其他畜禽进入鸭舍；场内死鸭应及时处理，应送往专门的地点焚烧或深埋，不准随处乱扔。

7. 观察鸭群　经常观察鸭群是肉鸭管理的一项重要工作。通过观察鸭群，可随时调整鸭舍的温度、通风，改善鸭舍的饲养环境；并能尽早发现疾病的前兆，以便早防早治。

(1)观察行为姿态　正常情况下，雏鸭反应敏感，行动自如，精神活泼，眼明有神，采食、饮水踊跃，饮水、采食后均匀散布于全栏，睡觉时几只或十几只头向中央围成一个梅花形。如果雏鸭缩颈垂翅，羽毛蓬乱，闭目无神，站立不卧，身体发抖，不时发出尖锐的叫声，纷纷趋于热源扎挤成堆，外面的不断向堆里钻，说明育雏温度太低；如雏鸭撑翅伸脖，张嘴喘气，呼吸急促，饮水频繁，远离热源，说明温度过高；如雏鸭群偏离热源或远离通风窗口，说明有贼风冲击；如头、尾和翅膀下垂，闭目缩颈，精神委靡，呆立一旁，行走困难时则为病态表现。

(2)观察羽毛　正常情况下雏鸭羽毛舒展，有光泽，贴身整齐。如全身羽毛污秽或羽毛脱落，表明湿度过大；如果全身羽毛逆立、蓬乱，多为发病的象征。

(3)观察粪便　正常的粪便为青灰色，多成堆形，不硬不软，在粪便表面有少量白色尿酸盐沉积。当鸭患病时，往往排出绿色、白色、金黄色等异样的稀粪便。

(4)观察呼吸　当气候急剧变化，舍内氨气含量过高和灰尘过大的时候容易激发呼吸道病，所以遇有上述情况时，要观察呼吸频率和姿势是否改变，有无流鼻涕、咳嗽、眼睑肿胀和异样的呼吸音。

(5)观察饲料用量　鸭在正常情况下，日粮应在当天吃完，当发现鸭采食量逐渐减少时就是病态的前兆，应认真分析原因，采取相应的措施尽快解决。

四、肥育期饲养管理

肉鸭肥育期为 4 周龄至 6 或 7 周龄。

(一)饲　养

肉鸭育雏料剩余 2 天的料量时，肉鸭育雏料逐渐过渡到肉鸭中期料，具体换料过程为：育雏料比中期料由 2∶1→1∶1→1∶2 直至全部过渡完成，方可饲喂肉鸭中期料。这一时期鸭只骨骼生长较快，应该饲喂比育雏料蛋白质低但能量高的饲料。

肥育期鸭只生长速度快，满足水、料供给，并调整饮水器和料桶高度；在炎热的季节，应在一天中最热的时间（如上午11:00～下午 2:00）停止给料，减弱光照强度，抓好早晚凉爽时间补料，可以减轻热应激，不仅有利于提高成活率，同时有利于提高增重速度和鸭群整齐度。

（二）管　理

肥育期鸭群最低温度应不低于 18℃～20℃，空气相对湿度为 55%～60%。肥育期要求采用自然或机械通风，除保证适宜的温度、湿度外，良好的通风是确保成活率、生长率和饲料转化率达到高水平的主要条件。

1. 夏季防暑降温　在炎热的夏季尽可能地增加鸭背高度的空气流动速度，以避免因高温应激造成鸭只采食下降，生长速度缓慢，甚至造成中暑死亡。可以采用机械通风、湿帘降温或鸭舍内喷雾等方法降温。具体措施如下。

第一，通风孔、门窗及天窗全打开，棚檐以下有塑料薄膜及草帘子的鸭舍应将檐以下的塑料薄膜及草帘子全部卷起；地面饲养的鸭子，不可用稻壳、锯末、刨花、麦秸等作垫料，可选用干净河沙作垫料。

第二，在鸭舍顶部加盖一层石棉瓦或隔热材料，有较好的隔热作用；鸭舍屋顶上部、两侧搭设防晒网，避免阳光直射；将屋顶和墙壁涂成白色，以反射日光；舍内安装排风扇或顶棚换气扇。

第三，当环境温度超过 30℃，日龄超过 30 天的鸭群，每天从中午到下午 6:00 舍内喷水若干次，雾滴要细密、均匀，使水雾在空气中延长停留时间，水质清净凉爽，用量为 300～500 毫升/立方米，并用电风扇进行对流散热；在棚顶和墙壁上浇水以降低辐射热；在鸭舍网架上铺设直径为10～15厘米的软水管，管内灌满凉水，吸热作用明显，定时注放水，如有循环水更好，此法俗称“小白龙”；安装湿帘，配合风机纵向通风降温，当外界气温高于舍内温度要求时，风机应逐渐启用，既减少鸭热应激，也可使鸭提前适应，以免后期使用风机时鸭卧立不起。湿帘使用应逐渐过渡，使用时应给鸭群一个适应的过程，尽量让新鲜空气从鸭舍另一端进入，充分发挥风机和湿帘的功效。

第四，饮水中添加0.5%碳酸氢钠，能提高鸭群的抗热应激能力；添加多维电解质、维生素C和维生素E，在热应激条件下，对维持鸡只正常体温和提高抗病力有很大好处。

第五，确保全天有充足、清洁、新鲜、凉爽的饮水；炎热天气，中午鸭只采食很少，应在早晨和夜间增加饲喂量；减少饲养密度，每平方米不得超过4只，扩群要及时，一般21天之前扩完整个鸭舍；减少鸭群各种应激，清粪、换垫料等工作要在清晨进行。

2. 冬季防寒保温 在保证温度的条件下尽量增加通风换气量，防贼风、冷风直吹鸭体，以免诱发呼吸系统疾病，具体措施如下。

第一，对鸭舍墙体及屋顶检修，补缝堵漏；育雏室两端设置冷空气缓冲带；改进供暖方式，采用地炉加火道、热风炉或暖气片供热，合理安置火炉，数量充足，分布合理，保证烟道畅通不倒烟。

第二，冬季空气干燥，鸭舍内经常洒水及带鸭消毒以保证湿度要求。另外在舍内蒸发食醋或醋精，有净化空气的作用。进风位置、风口大小要适宜，门、窗封闭严实，防止贼风；冬季气候寒冷多风，注意进风口及天窗的调整，以免鸭群受冷应激。

3. 切实做好卫生防疫工作 每天清理鸭粪，饮水器要每天擦洗2次，消毒池、消毒垫定时补加消毒药，坚持每天带鸭消毒；温晴天气下，将饱食后的肉鸭赶入运动场内让其自由活动，改善鸭舍内的环境。

4. 细心观察鸭群状况　做到早发现、早诊断、早预防、早治疗；发现病鸭及时隔离，并向技术人员报告。

5. 填写日常饲养管理记录表格　商品肉鸭饲养管理记录表样式见表 6-5。

表 6-5　商品肉鸭饲养管理记录表

品　种＿＿＿＿　入舍鸭数＿＿＿＿　入舍日期＿＿＿＿　饲养员＿＿＿＿

日龄	鸭群情况					环境条件				技术操作
	日总耗料（千克）	只日耗料（克）	死淘数（只）	存栏数（只）	周末平均体重（克）	光照时间（小时）	光照强度（瓦/米²）	舍温（℃）	舍内湿度（%）	防疫用药、消毒、清粪等

(三)出　栏

根据屠宰安排的具体时间来捕捉、运输鸭只；在鸭只捕捉、装筐前12小时停喂饲料，保证充足的饮水，促进鸭只消化肌胃内的饲料。开始抓鸭时停止鸭只饮水，并把饲喂、饮水设备全部撤除或挂起，避免鸭只在逃跑时造成擦伤或碰伤。

捕捉鸭只时要尽可能减少光照强度，以减少抓鸭时的应激反应。

鸭筐装载的鸭只不宜过多，避免因运输拥挤而造成体表损伤或闷死的情况发生。

在炎热季节，建议在装车时向鸭体洒水，并保证在运输途中不停车。

肉鸭装好车后饲养户应按要求将《动物检疫合格证》等资料带齐。

思考题

1. 商品肉鸭有哪些生产特点？
2. 进雏前应做好哪些准备工作？
3. 如何做好商品肉鸭的“初饮”和“开食”？
4. 简述商品肉雏鸭的管理内容。
5. 简述商品肉鸭肥育期的饲养管理方法。
6. 商品肉鸭出栏时应注意哪些问题？

第七章　肉鸭饲养的消毒防疫

一、卫生消毒技术

(一)消毒方法

1. 物理消毒法　应用物理因素清除或杀灭病原微生物及其他有害微生物的过程称物理消毒法。包括自然净化、机械除菌、滤过除菌、热力消毒、辐射灭菌、超声波和微波消毒等方法,此法主要用于设施、饲料、卫生器械等材料的消毒。

2. 机械消毒法　通过机械的方法从物体表面、水、空气、动物体表去掉或减少污染的有害微生物及其他有害物质,主要包括洗、刷、擦、抹、扫、浴及通风等方法。

机械性清除不能达到彻底消毒的目的,必须配合其他消毒方法进行,在清除之前,应根据清扫的环境是否干燥,病原体危害性的大小,决定是否需要先用清水或某些化学消毒剂喷洒,以免打扫时尘土飞扬,造成病原体散播。对清除的污物必须运到指定场所焚烧、掩埋或用其他方法使之无害。

3. 化学消毒法　通过使用化学消毒剂直接杀灭病原微生物及其他有害微生物,达到预防和控制疫病发生、传播、蔓延的过程。

选择消毒剂的原则:①杀菌性能好,低浓度可迅速杀灭病原微生物。②稳定性好,容易保存,无异味且可溶性好。③对金属、塑料制品等无腐蚀性或腐蚀性小。④使用安全,无易燃性和爆炸性。⑤无毒副作用,刺激性小或无刺激性。⑥价格低廉,容易购买。

使用消毒剂应注意的问题：①配制剂量要准确，容器要干净。②被消毒的物品和环境，在消毒之前要清洗或打扫干净。③配制的消毒液应及时使用。④容器中的消毒溶液不要装得过满。⑤不要把两种不同的消毒剂混合在一起。

作为一个肉鸭场，建立一个良好的生物安全体系是有效地进行正常生产，取得高效益的前提保证之一。在生产过程中，应当树立全面的卫生消毒意识和综合的疾病防控观念，加强疾病净化、有效地控制和减少疾病的发生，对全场人员定期进行技术培训，宣传消毒防疫知识，强化防重于治的理念，制定和监督执行防疫制度，健全生产全过程的防疫体系，将疾病防控作为最重要的日常管理工作。

（二）消毒药及消毒

消毒药在防治传染病过程中具有很重要的作用，消毒药能杀灭环境中的病原微生物，减少其对鸭的感染，定期进行消毒对防止鸭传染病具有积极作用。但同时也应注意长期使用消毒药，会有一定的毒副作用，主要表现为具有刺激性、腐蚀性、对环境产生污染等。

鸭场常用的消毒药主要包括以下几种。

1. 甲醛溶液（福尔马林） 甲醛无论在气态或溶液状态下均能凝固蛋白质、溶解脂类，还能与氨基结合而使蛋白质变性，因此具有较强大的广谱杀菌作用，对细菌繁殖体、芽胞、真菌和病毒均有效。福尔马林为 37%～40%的甲醛溶液。由于甲醛气体蒸发快，穿透力弱，因而用于表面消毒效果最好。常用的方法为熏蒸消毒，适用于室内、器具的消毒。消毒前应先将鸭舍、器具打扫及清洗干净，温度应不低于 15℃，相对湿度 60%～80%，每立方米用甲醛溶液 20 毫升，加入等量水后，用加热的方法使甲醛变为气体熏蒸消毒；或者在福尔马林溶液中按 2∶1 的比例加入高锰酸钾以促进其挥发，消毒时间为 8～10 小时；也可用 2% 甲醛水溶液，通过浸泡或喷雾等方法用于鸭舍、用具及器械的消毒。

甲醛对皮肤、黏膜及呼吸道有刺激作用，消毒后应打开门窗，加强通风换气。

2. 氢氧化钠(烧碱、苛性钠)　烧碱能溶解蛋白质，破坏病原体的酶系统和菌体结构，从而起到消毒作用，一般使用浓度为 2%～4% 的水溶液，其杀菌作用受温度影响大，温度高则杀菌效果好，故常用其热溶液。可用于鸭舍及周围环境、饲料槽、非金属器具、运输工具等的消毒。

烧碱对机体和用具等有很强的腐蚀作用，使用时要加强防护。消毒后应间隔半天，用水冲洗地面及用具后，再将鸭移入。

3. 生石灰(氧化钙)　为价廉易得的良好消毒药，生石灰与水混合时生成熟石灰(氢氧化钙)以发挥其消毒作用，一般配成 10%～20% 的石灰乳液涂刷鸭舍墙壁、及地面消毒等，也可将生石灰直接撒在潮湿的地面、粪堆及鸭舍入口处作消毒用。

熟石灰可自空气中吸收二氧化碳生成碳酸钙沉淀，从而失去消毒作用，故石灰乳应现配现用。本品也有一定的腐蚀性，消毒待干后才能进鸭。

4. 过氧乙酸　过氧乙酸的消毒作用主要依靠它的强大氧化能力杀灭病原微生物，对各种细菌繁殖体、芽胞、病毒等都有很强的杀灭效果，较低的浓度就能有效地抑制细菌、霉菌繁殖。

常用消毒剂量是：0.04%～0.2% 溶液用于塑料、玻璃、搪瓷和橡胶制品及饲养人员手臂的短时间浸泡消毒；0.3% 溶液喷雾带鸭消毒鸭舍，其用量为每立方米 30 毫升；0.5% 溶液喷洒消毒鸭舍、饲槽、车辆等；5% 溶液每立方米 2.5 毫升喷雾消毒密闭的鸭舍、实验室、仓库等。

45% 以上高浓度溶液遇热易发生爆炸，应避免振荡并避光保存。经稀释后的药液只能保存 3～7 天，最好现配现用。

5. 漂白粉 主要为次氯酸钙(32%～36%)、氯化钙(29%)、氧化钙(10%～18%)、氢氧化钙(15%)的混合物，漂白粉溶于水中形成次氯酸，由于氧化作用和抑制细菌的巯基酶而起消毒作用，对细菌、病毒、真菌等都有杀灭作用。

常用作饮水消毒，按每立方米水中加入5～10克漂白粉，作用30分钟后即可饮用；1%～3%现配溶液可用于非金属器具如饲槽、饮水器等消毒；10%～20%现配溶液可用于消毒鸭舍、粪池、车辆及排泄物。

本品应现配现用，对金属及衣物有轻度腐蚀性，对皮肤和黏膜有一定刺激性，消毒人员应注意防护。

6. 二氯异氰脲酸钠 为新型广谱高效消毒剂，易溶于水，产生次氯酸起消毒作用，对细菌繁殖体、病毒、真菌孢子和细菌芽孢都有较强的杀灭作用，并有净水、除臭、去污等作用。

0.5%～1%二氯异氰脲酸钠溶液可用于喷洒、浸泡、擦拭用具；5%～10%溶液能杀灭芽胞，可用于地面消毒；干粉可用于粪便的消毒，用量为粪便的1/5；饮水消毒时，每升水添加4毫克作用30分钟后可饮用。

7. 煤酚皂溶液(来苏儿) 为含煤酚50%的肥皂溶液制成，呈棕红色。是新型广谱、中等效力的消毒剂，可杀灭细菌、真菌和病毒。

1%～2%溶液可用于手及器械的消毒；3%～5%溶液可用于鸭舍、笼具、场地、车辆的喷雾消毒；严重污染的环境及病鸭排泄物可以适当加大浓度，增加喷洒次数。

由于本品为有机酸，因此，禁止与碱性药物及其他消毒药物混用。

(三)对人员的卫生要求

1. 对外来人员的要求 鸭场的出入口，平时应关闭。尽量减少各种来访人员，谢绝一切无关人员参观。一切外来无关人员均不得进入生产区。外来人员进场前必须经兽医人员批准并进行消毒、更衣、换鞋帽。

2. 对本场人员的要求　凡须进入生产区的所有工作人员，必须事先登记；所有进入生产区的人员，必须坚持“三踩一更”的消毒制度。即：场区门前踏3%的烧碱池、更衣室更衣、消毒液洗手，生产区门前消毒池及各畜禽舍门前消毒盆消毒后方可入内，进出鸭舍的所有工作人员必须踩踏消毒盆，并把雨鞋刷净，不留杂物；消毒盆内的消毒液要经常更换，并且要加足消毒药；坚持岗位负责制，为避免造成交叉感染，严禁饲养人员乱窜鸭舍；工作人员离场时，不可逆行，应直接进入污染室更衣，而不应进入并污染清洁更衣室；饲养管理人员应经常保持自身卫生及身体健康，定期进行常见的人兽共患病检疫，同时应根据需要进行免疫接种，如发现患有危害畜禽及人的传染病者，应及时调离，以防传染；为了保证疫病不由养殖场工作人员传入场内，凡在养殖场工作人员的家中不得饲养同类畜种；生产区不准养猫、养狗，职工不得将宠物带入场内，不准在兽医诊疗室以外的地方解剖尸体。

（四）鸭舍使用前的消毒要求

每一批鸭出栏后，应立即进行清理消毒。先用3%～5%烧碱水或0.1%新洁尔灭等消毒剂喷洒1遍，而后将地表面上的粪便、污物清扫干净，铲除鸭舍周围的杂草，并将其一并送往垫料和鸭粪堆集处。在清理过程中，应注意彻底不留死角。

将可移动的设备转移到舍外，经清洗和阳光照射后，放置于洁净处备用。

用高压水枪冲洗舍内的地面、门窗、墙壁等，达到除尘、湿润物体表面的作用。用板铲清除地表上的污垢，然后再用清水反复冲洗2～3次。

鸭舍洗刷后，用酸性消毒剂和碱性消毒剂交替消毒，使耐酸的细菌和耐碱的细菌均能被杀灭。为防止酸、碱消毒剂发生中和反应，在使用酸性消毒剂后，用清水冲洗后再用碱性消毒剂。冲洗消毒后要清除地面上的积水，打开门、窗进行通风干燥。

对鸭舍不平整的墙壁用10%～20%的氧化钙乳剂进行粉刷，同时用1千克氧化钙加350毫升水配成石灰粉末，撒在阴湿地面、粪池内。在地与墙的夹缝处和柱的底部涂抹杀虫剂，以保证杀灭进入鸭舍内的昆虫。

密闭熏蒸消毒。地面平养要铺好垫料，将所有器具摆好。立体笼育要把笼具洗刷干净，用消毒液消毒后安装好，然后用甲醛和高锰酸钾熏蒸消毒，每立方米用甲醛14毫升、高锰酸钾7克，密闭至少12小时。对于污染较严重的鸭舍可增加1～2倍药量进行熏蒸。在熏蒸时应将舍温提高到20℃～30℃，空气相对湿度在75%以上，可提高熏蒸效果。

（五）鸭舍外环境的消毒要求

进鸭前，应彻底将鸭舍周围的杂草、粪便、污物等清扫干净后进行消毒。松软的地面撒布生石灰消毒；对于硬化的地面用热烧碱水或甲醛溶液喷洒消毒。

进鸭后，每周用3%～5%的烧碱溶液等消毒剂喷洒1～2次。

污水井、化粪池、污道等每周至少用3%～5%的烧碱溶液或2%甲醛溶液或生石灰或其他的消毒剂消毒1次。

死鸭存放处，每天应用3%～5%的烧碱水消毒1次。

（六）场区的消毒

场区的消毒是防止疾病发生和传播的有效措施，在生产过程中，应引起饲养管理者的特别重视。

场区内应无杂草、垃圾及杂物随意堆放。

每月用3%～5%的烧碱水或石灰水泼洒场区3次。但在遇到转群、出栏等情况，对环境造成污染时，应及时进行必要地彻底消毒。

二、鸭群给药途径

预防或治疗疾病时常用药物及其配制和使用方法一般由鸭场兽医人员负责，鸭场饲养员应对药物的给药途径有所了解，并协助兽医完成工作。

(一)饲料给药

此法简便易行，适用于不溶于水、适口性较差或需要长时间投服的药物。

拌料时应该首先确定混饲药物的浓度，然后按平时每顿饲喂饲料量的50%～60%拌料。拌料应尽量均匀，混合的方法是先将药物和少量的饲料混合均匀，然后再将混合物倒入大批饲料中充分混合均匀。若使用全价颗粒料，可以先将药物溶解在水中，将颗粒料倒在大块的塑料布上，边搅拌边用喷雾器将药物均匀地喷洒在饲料上，喷水量应掌握在使颗粒料不发生粉化为宜。这种方法尤其适合于那些饮水给药适口性较差的药物和颗粒料的混用。

鸭群给药时应先饥饿，以确保含药的饲料能够在1小时左右的时间内吃完，吃完后再投给不含药物的饲料让其自由采食。

(二)饮水给药

适用于能够溶解于水而又不影响适口性的药物，特别是因病不能吃料但仍能饮水的鸭群，该法相对于拌料更容易混合均匀，而且节省人力物力，是养鸭生产中最常用的一种给药方法。

配制药液的水质应该清洁，符合国家畜禽用水标准，以深井水或凉开水为好，水槽要事先刷洗干净，然后根据鸭群的日龄和消耗饲料等计算出每日饮水量，根据药物的使用说明计算出每天用药量、次数以及间隔时间等，再按比例将药物投入水中供鸭饮用。供水量太少，鸭群饮水不均匀，有些喝不到足够的药物，而有些剂量过大，甚至中毒；供水量太多，鸭群在一定的时间内喝不完，同样达不到药效。

一般情况下可以按全天饮水量的2/3加药，混合均匀后任其自由饮用，药液饮完后再供给不含药物的清洁饮水。因为鸭子有嬉水的习性，容易使药物流失，所以临床预防给药和治疗用药时，常采取口渴服药法，对鸭群停止供水1～2小时，以24小时内饮水量的25%～30%加药供饮，令其在1小时内饮完，然后供给清洁饮水自由饮用。尤其是使用在水中稳定性较差的药物时，多采取后者。

为了提高药物的适口性，降低应激反应，可以在饮水中加入葡萄糖和电解多维等同时饮用。投给抗生素类药物时一定要现用现配，有些药物在水中不稳定，时间长了药效会下降，甚至会失去药效。若是同时使用两种以上的药物饮水给药时，必须注意它们之间的配伍禁忌，有些药物相互之间具有协同作用，合用可以增强疗效，而有些药物合用则会造成中和、沉淀、分解或药效降低等。

(三)气雾给药

适用于治疗一些呼吸道疾病，可保证鸭只均匀的得到规定的剂量。用药期间鸭舍应密闭，通过呼吸系统给药时要求药物必须能够溶解于水，对黏膜无刺激性，同时还要根据空间的大小和鸭只的数量等影响因素准确计算药物用量和水量，控制好雾滴的大小。较大的雾滴一般落在上呼吸道黏膜表面，而较小的雾滴则吸入较深。一般治疗深部呼吸道感染，或发挥吸收作用以治疗全身感染时，要求雾滴直径为 0.5～5 微米；治疗上呼吸道炎症或使药物主要作用于上呼吸道，雾滴可适当增大，以 10～30 微米为宜。

(四)个体给药

个体给药中最常用的方法是肌内注射和皮下注射。尤其是用于疾病的治疗。

肌内注射吸收快，药效稳定，注射部位主要是腿部肌肉和胸部肌肉；皮下注射常选择在颈背部皮下。在进行肌内注射时操作要熟练细心，以防将药物注射到体腔或肝脏内。腿部外侧肌内注射时还要防止伤及神经，以免引起跛行。另外，注射前对针头和注射器进行彻底的消毒。给已经发病的鸭子注射时必须 1 只使用 1 个针头，尽可能不要 1 个针头注射到底。

(五)外 用 药

外用药多用于鸭只的体表，以杀灭体表上的寄生虫或病原微生物，例如临床上进行的带鸭消毒。在外用药时首先应该慎重选择可以使用的药物，严格掌握其浓度。特别是对鸭较敏感的药物在使用时应更加慎重，最好在用药之前准备好相应的解毒药，以备中毒后的紧急解救。

三、肉鸭常用疫苗种类及使用方法

疫苗是利用相应病原微生物、寄生虫及其组织或代谢产物制成的，通过接种刺激动物体产生免疫应答，从而抵抗特定病原微生物或寄生虫的感染，以达到预防疫病的目的。当前肉鸭常用疫苗主要包括弱毒苗和灭活苗。

(一)肉鸭常用疫苗

商品肉鸭及种鸭免疫接种程序应根据各地传染病的实际流行情况合理制定,表 7-1、7-2 所列程序仅供参考。

表 7-1　商品肉鸭免疫程序

日　龄	疫苗种类	剂　量	免疫途径	备　注
1～3	鸭病毒性肝炎弱毒苗	1 羽份	皮下注射	也可使用卵黄抗体 0.5～1 毫升
10～12	禽流感油乳剂灭活苗	0.5 毫升	皮下或肌内注射	也可接种鸭疫里氏杆菌或大肠杆菌疫苗
20	鸭瘟弱毒疫苗	1 羽份	皮下或肌内注射	

表 7-2　肉种鸭免疫接种程序

日　龄	疫苗种类	剂　量	免疫途径	备　注
1～3	鸭病毒性肝炎弱毒苗	1 羽份	皮下注射	也可使用卵黄抗体 0.5～1 毫升
10～12	禽流感油乳剂灭活苗	0.5 毫升	皮下或肌内注射	也可接种鸭疫里氏杆菌或大肠杆菌疫苗
20	鸭瘟弱毒疫苗	1 羽份	皮下或肌内注射	
50～60	禽流感油乳剂灭活苗	1 毫升	皮下或肌内注射	

续表 7-2

日　龄	疫苗种类	剂　量	免疫途径	备　注
18	鸭瘟弱毒疫苗	1羽份	皮下或肌内注射	也可在同一时间接种,但应分别皮下或肌内注射
19	鸭病毒性肝炎弱毒苗	1羽份	皮下注射	
20	禽流感油乳剂灭活苗	1毫升	皮下或肌内注射	
开产后每半年	鸭瘟弱毒疫苗	1羽份	皮下或肌内注射	可在同一时间分别皮下或肌内注射,也可各间隔1周注射
	鸭病毒性肝炎弱毒苗	1羽份		
	禽流感油乳剂灭活苗	1毫升		

(二)常用疫苗的免疫接种途径及注意事项

肉鸭最常用的疫苗免疫途径是注射接种,即把疫苗注射到鸭的肌肉或皮下组织中,注射法效果确实,吸收迅速,可使鸭很快产生免疫力。注射接种可分皮下注射和肌内注射。

1. 皮下注射　常选择颈背部皮下注射,用手轻轻捏起鸭颈背部上1/3处皮肤,使之成三角形平面,将针头沿三角形从头部向体部的方向刺入,使疫苗注入皮下。鸭颈部皮肤较紧凑,吸收很快。

2. 肌内注射　可选择胸肌注射或腿肌注射。胸肌注射时从龙骨突的两侧沿胸肌呈30°～45°角斜向刺入,应避免与胸部垂直而误入内脏。腿肌注射时要注入大腿外侧、肌肉最丰满处,避免注入肌腱或小腿处,否则会引起腿肿、跛行。

3. 免疫接种注意事项

第一，免疫与消毒不能同时进行，否则影响机体对疫苗产生的反应，达不到预期的免疫效果。免疫前后2天内不要进行消毒，同时在免疫期间还应适当控制抗病毒药物的使用，以免影响免疫效果。

第二，注射器及针头每次使用前要进行彻底的清洗消毒(水中煮沸20分钟)，肉鸭的接种部位、操作过程也应严格消毒，否则容易发生化脓性感染。接种过程中注意调校注射器以保证剂量准确。注射弱毒疫苗可用6～7号针头，雏鸭尤其如此；油乳剂灭活疫苗可用8～9号针头，过大的针头易导致疫苗溢出。

第三，灭活苗用前应先摇匀，若出现分层则不能使用，油乳剂疫苗如有冻结破乳现象、异物或杂质也不宜使用。弱毒苗在使用时用灭菌的生理盐水或蒸馏水稀释，稀释量以雏鸭每只0.2～0.5毫升，成鸭每只0.5～1毫升计算，稀释后的疫苗应在2～4小时内用完，时间拖得越长效果越差。

第四，同期免疫两种传染病，最好使用联苗；若使用两种单苗，则前后接种时间应间隔5～7天，以免互相干扰，影响免疫效果；也可两种疫苗分别注射，应避免注射在同一点上，可皮下或肌内分开进行，也可各注射一条腿。

第五，在鸭群发病后进行紧急注射免疫时，应注意先免疫健康鸭群，再免疫假定健康鸭群，最后免疫发病鸭群，接种过程更应勤换针头，以免人为造成传染病的传播。

第六，每次免疫接种对肉鸭来说是一种应激，会降低肉鸭产生免疫力的能力，从而更易感染传染病，因此，在接种前后应在日粮中添加抗应激药物及多种维生素，以减少应激对免疫接种效果的影响。

第七，免疫接种完成后，残留疫苗必须销毁，接种后的空瓶要妥善处理，接种的用具也应消毒灭菌处理，以杜绝活疫苗病原菌扩散。

四、除虫与灭鼠

(一)除　虫

鸭场易孳生蚊、蝇等有害昆虫,这些昆虫是传播疾病的媒介,骚扰人、鸭,并污染环境,为防止昆虫的孳生,应采取综合防除措施。

1. 保持环境的干燥、清洁　填平无用的沟坑洼地和污水坑,保持排水系统畅通,对暗沟、沟渠等定时疏通,勿使污水贮积。对污水池、粪池要密封加盖。

2. 妥善处理粪便　可防止昆虫在粪便中繁殖、孳生。对清除的粪便应及时送至粪池或堆积贮存,减少粪便中水分,当粪便中的水分低于50%时,蛆即不易孳生。

3. 使用化学灭虫剂　使用天然或合成的毒物,以不同的剂型(粉剂、乳剂、油剂、缓释剂、颗粒剂等),通过不同途径,毒杀或驱除蚊、蝇。近年来我国已生产多种低毒高效的杀虫药剂,对鸭的健康及生产性能无影响,具有使用方便、见效快等优点,是当前防除蚊、蝇的重要手段。

4. 物理除虫　利用光、声、电等物理方法捕杀、诱杀或驱逐蚊、蝇。我国生产的多种紫外线灯或其他光诱器,如电气灭蝇灯,安装有荧光管,它放射的紫外线对人、鸭无害,而对苍蝇有高度吸引力。灯管的外围有格栅,通电后将220伏变为5 500伏的10安培电流,当苍蝇进入接触电丝时,则接通电路而被杀灭,落于悬吊在灯下的盘中。

(二)灭　鼠

鼠类危害极大,不仅咬死咬伤仔鸭,窃食饲料,咬坏器物,污染饲料和饮水,而且还是许多疾病的传播者。因此,必须采取有效的措施严加防除。

我国常采用的灭鼠方法主要是用药物毒杀、捕捉器械等。使用药物灭鼠使用方便，成本低，见效快，但缺点是易造成二次中毒。有些鼠对药物有一定的选择性、拒食性和耐药性，所以在使用时应选好药剂和注意使用方法，确保安全。近年来，又有新的灭鼠方法，使用持续而无规律的高频振荡，使鼠产生无法克服的神经混乱，最终无力活动而被捕捉。

总之，对鸭场的灭鼠应给予足够的重视，在鸭舍周围5～6米的区域内应彻底消除鼠类生活、筑巢的可能性。确保鸭舍内及其周围没有散落的饲料。舍内应铺设水泥地面，以防鼠类地下筑巢。做好堵塞鼠洞、组织捕捉、加强防范等各方面的工作，坚持不懈地定期防鼠巡查，是可以基本上免除鼠害的。

五、死鸭的处理

鸭的尸体与一般废弃物不同，因为能很快地分解腐败、散发恶臭，污染环境，传播疾病。因此，应正确、及时地妥善处理。其方法如下。

1. 堆肥法 是肉鸭场处理死鸭的最佳途径之一，若设计合理，不会造成对环境的污染，尤其是对地下水及空气的污染。堆肥设施面积以鸭场的规模而定，如1万只的商品代肉仔鸭场，可建造高2.5米，地面面积为3.7米^{2}的空间。对死鸭的处理过程中，要做到堆积坑应防渗水、防雨淋；进行有氧发酵；整个处理过程应在30天内完成。

2. 土埋法 是用土壤的自净作用使其达到无害化。此法简单，但不理想，因其无害化过程缓慢，某些病原微生物能长期生存，从而污染土壤和地下水，并会造成二次污染，主要用于小规模的鸭场。若采用土埋时，应遵守以下卫生要求：

要远离鸭舍、草地、居民点和水源；土壤干燥而疏松，掩埋深度不小于 2 米；为防止疾病传染，死亡的鸭尸四周应洒上消毒药剂；掩埋鸭尸的四周最好设有围栏并做上标记。

3. 焚烧法　焚烧法是一种传统的处理死鸭的方法，此法的优点是控制病死鸭作为污染源而传播疾病的一种最有效的处理方式。同时，避免了对地下水的污染，仅有极少的残余物需要清除出场。缺点是此法成本比较昂贵，而且在焚烧时易造成对空气的污染。

总之，在处理病死鸭时，不论采用哪种方法，都必须将病死鸭的排泄物及各种废弃物等一并进行处理，以防造成环境污染。

思考题

1. 消毒的方法有哪些？使用化学消毒剂应注意的问题是什么？
2. 鸭舍使用前应如何进行消毒处理？
3. 为防止疾病的传播，进入生产区的本场人员，应注意哪些问题？
4. 鸭群给药途径有哪些？
5. 免疫接种时应注意哪些问题？
6. 如何做好除虫与灭鼠工作？
7. 如何处理死鸭？

第八章 肉鸭饲养员劳动定额与技术考核指标

一、肉鸭饲养员劳动定额

劳动定额是计算工人劳动量、考核工人技术水平、贡献大小、评定劳动态度的重要标准之一。劳动定额作为企业对职工劳动量考核的重要手段和重要基础性工作，是企业实施工资分配、职工获得劳动收入的重要依据。肉鸭场应结合《劳动法》和《劳动合同法》，在岗位测评的基础上科学合理地确定每个工种的劳动定额。肉鸭饲养员劳动定额就是指预先规定单位时间内完成的规定工作的数量。肉鸭饲养员的每项工作尽可能量化并用考核指标衡量。肉鸭饲养员劳动定额制定越合理，考核指标越明确，就越能有效地调动饲养员的责任心和工作积极性。

(一)肉种鸭饲养员建议劳动定额

1. 育雏期饲养员劳动定额 6名饲养员负责20个单元，实行三班倒，每2人一班，每班工作时间8小时。主要劳动任务有观察鸭群、调整环境、换水、运料、加料、消毒、投药、翻撒垫料、清扫冲洗运动场、称重、分群、协助免疫及填写工作记录等。一般情况下，每班实际工作5小时即可完成每班的工作量，其余时间应加强看护和巡视。

2. 育成期饲养员劳动定额 2名饲养员负责20个单元，其中1人为组长。主要劳动任务有观察鸭群、调整环境、换水、运料、加料、消毒、投药、翻撒垫料、清扫冲洗运动场、称重、分群、协助免疫及填写工作记录等。一般每天实际工作 6 小时即可完成每日的工作量，其余时间应加强看护和巡视。

3. 产蛋期饲养员劳动定额　2 名饲养员负责 20 个单元，其中 1 人为组长。主要劳动任务有拣蛋、种蛋挑选与消毒、观察鸭群、换水、运料、加料、消毒、投药、翻撒垫料、清扫冲洗运动场、清洗浴池并换水、称重、协助免疫、调整环境、夜间巡视及填写工作记录等。一般每天实际工作 8 小时即可完成每日的工作量。

（二）商品肉鸭饲养员建议劳动定额

1. 育雏期饲养员劳动定额　3 名饲养员负责饲养 4 000 只，实行三班倒，每人一班，每班工作时间 8 小时。主要劳动任务有观察鸭群、调整环境、换水、运料、加料、消毒、投药、翻撒垫料、清扫运动场、称重、分群、协助免疫及填写工作记录等。一般情况下，每班实际工作 6 小时即可完成每班的工作量，其余时间应加强看护和巡视。

2. 肥育期饲养员劳动定额　3 名饲养员负责饲养 6 000 只，实行三班倒，每人一班，每班工作时间 8 小时。主要劳动任务有观察鸭群、调整环境、换水、运料、加料、消毒、投药、翻撒垫料、清扫运动场、称重、分群、协助免疫及填写工作记录等。一般情况下，每班实际工作 5 小时即可完成每班的工作量，其余时间应加强看护和巡视。

二、肉鸭饲养员建议技术考核指标标准

将饲养员的劳动结果和肉鸭的生产性能指标结合进行量化，形成一套技术考核指标标准，用于评价饲养员工作及作为发放薪酬的依据。制定技术考核指标标准时应参照本场 3～5 年的实际饲养记录和育种公司的推荐指标，并充分结合饲养员整体水平和

本场技术力量、设备硬件水平、当地疫情。技术考核指标确定后先试行再推广，遇到特殊情况时应调整考核标准。

(一)肉种鸭饲养员建议技术考核指标标准

1. 育雏期饲养员技术考核指标和标准

(1)雏鸭成活率(育雏率)　一般要求达96%以上。

(2)整齐度　按±10%范围计算，一般要求达80%以上。

2. 育成期饲养员技术考核指标和标准

(1)育成鸭成活率(育成率)　一般要求达96%以上。

(2)整齐度　按±5%范围计算，一般要求达80%以上。

3. 产蛋期饲养员技术考核指标和标准

(1)母鸭存活率　一般要求达88%以上。

(2)产蛋期死淘率　一般要求低于12%。

(3)种蛋合格率　一般要求达95%以上。

(4)种蛋受精率　一般要求达85%以上。

(5)入舍母鸭产蛋量　一般要求达260枚(产蛋50周)。

(6)入舍母鸭产蛋率　一般要求达75%。

(7)平均蛋重　樱桃谷大型肉鸭要求达到90克。

(8)蛋形指数　蛋的正常形状为椭圆形，蛋长径与短径之比为蛋形指数。正常蛋形指数为1.30～1.35。

(二)商品肉鸭饲养员建议技术考核指标标准

1. 育雏期饲养员技术考核指标和标准

(1)雏鸭成活率(育雏率)　一般要求达96%以上。

(2)育雏期料肉比　樱桃谷大型商品肉鸭0～21日龄料肉比一般不超过1.5∶1。

2. 肥育期饲养员考核指标和标准

(1)肥育期成活率　一般要求达94%以上。

(2)肥育期料肉比　樱桃谷大型商品肉鸭22～45日龄料肉比一般不超过2.8∶1。

3. 全期技术考核指标和标准

(1)全期成活率　一般要求达95%以上。

(2)全期料肉比　樱桃谷大型商品肉鸭45日龄出栏，料肉比一般不超过2.4∶1。

(3)屠宰率　樱桃谷大型商品肉鸭45日龄出栏，屠宰率一般可达87%。

(4)全净膛率　樱桃谷大型商品肉鸭45日龄出栏，全净膛率一般可达72%。